Böhmer/Wohanka

Ulmers Taschenatlas Krankheiten & Schädlinge
an Zierpflanzen, Obst und Gemüse

BERND BÖHMER / WALTER WOHANKA

Ulmers Taschenatlas Krankheiten & Schädlinge an Zierpflanzen, Obst und Gemüse

3., erweiterte Auflage

657 Farbfotos

Die Autoren
Prof. Dr. Bernd Böhmer, ehem. Pflanzenschutzdienst der Landwirtschaftskammer Nordrhein-Westfalen, Bonn
Prof. Dr. Dr. h. c. Walter Wohanka, ehem. Hochschule Geisenheim, Institut für Phytomedizin

Seite 2: Ringfleckenvirus an Stechpalme (*Ilex*)
Aufnahme: Regierungspräsidium Gießen „Pflanzenschutzdienst-Hessen“

Inhaltsverzeichnis

Ziergehölze

Obst und Gemüse

Hinweise zur Bekämpfung spezieller Schaderreger

Einleitung

Der vorliegende „Taschenatlas Krankheiten & Schädlinge an Zierpflanzen, Obst und Gemüse“ versteht sich als wichtige Hilfe für alle Pflanzenliebhaber. Er will besonders dazu beitragen, dass Krankheitsursachen bei Pflanzen im≠Zimmer, im Wintergarten oder im Garten möglichst schnell erkannt werden. Der Taschenatlas soll nicht nur Hobbygärtnern, sondern auch Pflanzenproduzenten und Studierenden eine Hilfe bei der Diagnose von Schäden an Pflanzen sein.

Die im Taschenatlas dargestellten Schadbilder und Kurzbeschreibungen sind mit einer Lupe (🔎) gekennzeichnet, sie geben einen Überblick über die wichtigsten Schadursachen der jeweiligen Pflanzenart und ermöglichen im Vergleich mit der kranken Pflanze eine erste Diagnose. Zu einer ganzen Anzahl von Kulturen sind Krankheiten und Schädlinge gelistet, die an der jeweiligen Kultur selten vorkommen oder an anderen Kulturen bereits dargestellt wurden, in diesem Fall findet der Leser einen Querverweis.

Die Beschreibung der an bestimmten Pflanzen auftretenden Krankheiten und Schädlinge wie auch einiger wichtiger nichtparasitärer Einflüsse und die kurze Beschreibung der Kulturansprüche sollen bei der Wahl geeigneter Pflanzen, insbesondere auch für Nachpflanzungen bei Ausfällen, behilflich sein.

In schwierigen Fällen kann der Pflanzenschutzdienst des jeweiligen Bundeslandes zu Rate gezogen werden. Eine Liste der Pflanzenschutzdienststellen in den Bundesländern finden Sie auf den Seiten 264 und 265.

Die angegebenen Empfehlungen zur Bekämpfung sind mit einem Schirm (☂) gekennzeichnet und orientieren sich nicht an einer ökonomischen Produktion der Pflanzen. Sie gehen von einem weitgehenden Verzicht auf chemische Pflanzenschutzmittel in Haus und Garten aus. Sind Pflanzenbestände erkrankt, so sind darüber hinausgehende kulturtechnische, biologische oder chemische Maßnahmen zu ergreifen, die im Rahmen dieses Buches nur stichwortartig dargestellt werden können. Pflanzenschutzmittel sind nur beispielhaft genannt. Die Zulassung der Pflanzenschutzmittel ändert sich rasch, die einschlägigen Rechtsvorschriften und Vorsichtsmaßnahmen sind der Gebrauchsanleitung der Präparate zu entnehmen. Sie ist vor dem Einsatz eines Pflanzenschutzmittels sorgfältig zu lesen und genau zu befolgen. Sofern es möglich ist, werden praktikable alternative Pflanzenschutzverfahren empfohlen.

Im Einzelfall sollten nicht nur aus ökonomischer Sicht, sondern auch aus Gründen der Hygiene kranke Pflanzen oder Pflanzenteile vernichtet werden, ehe technische, biologische oder chemische

Verfahren zur Anwendung kommen. In vielen Fällen ist dadurch eine weitere Verbreitung der Krankheit zu verhindern. Zahlreichen Krankheiten kann durch das Abschneiden verblühter Pflanzen, durch das Auslichten zu groß gewordener Bäume oder durch den regelmäßigen Rückschnitt von Hecken vorgebeugt werden. Den meisten Pflanzenliebhabern stehen für ihre vielen liebgewonnenen Exemplare nur relativ kleine Gärten zur Verfügung. Gesundes Wachstum braucht den richtigen Standort, aber auch Licht und Luft.

Bereits vor der Pflanzung muss sorgfältig geprüft werden, ob die neuen, zugekauften Pflanzen befallsfrei sind und keine sonstigen Schäden aufweisen. Die Auswahl artgerechter Standorte und Hygienemaßnahmen sind weitere wichtige Voraussetzungen zur Gesunderhaltung der Pflanzen.

Zu enger oder zu dunkler Stand der Pflanzen und zu geringe oder übermäßige Versorgung der Pflanzen mit Wasser und Nährstoffen fördern das Auftreten von Krankheiten. Aber auch extrem sonnige Standorte können nach dunklen Witterungsbedingungen zu direkten Schäden führen oder auch bestimmte Schädlinge (z.B. Spinnmilben, Weiße Fliegen) begünstigen. Die Auswahl widerstandsfähiger und für den Standort geeigneter Sorten ist eine wichtige Grundlage des Kulturerfolges.

Günstig wirkt sich im Garten die sachgerechte Verwendung von Kompost aus. Kompost fördert nicht nur das Bodengefüge, er verbessert die Durchlüftung und die Wasserhaltekraft des Bodens, er fördert die Bodenlebewesen und somit den Aufschluss von Nährstoffen sowie die natürliche Unterdrückung eventuell auftretender Krankheiten und Schädlinge im Boden.

Raupe des Buchsbaumzünslers an *Buxus*.

Bodenverdichtungen oder -verschlämmungen, oftmals nur im Unterboden und an der Bodenoberfläche gar nicht erkennbar, sind vielfach Ursachen späterer Pflanzenerkrankungen. Die Bodenbearbeitung sollte daher tiefgründig vorgenommen werden.

Die natürlichen Gegenspieler der Schädlinge, die Nützlinge, können im Garten gezielt gefördert werden. So können Nistkästen die Ansiedlung von Vögeln, mit Weizenstroh gefüllte Holzkästen Florfliegen und Ohrwürmer sowie Steinriegel, Reisig- und Laubhaufen Igel, Spitzmäuse und Eidechsen fördern.

Im Zimmer und im Wintergarten ist die gezielte Aussetzung von Nützlingen zur Bekämpfung zahlreicher Schädlinge möglich. Diese biologischen Bekämpfungsverfahren sind sowohl in den allgemeinen als auch in den speziellen Bekämpfungskapiteln aufgeführt.

Mit der nun vorliegenden 3. Auflage des „Taschenatlas Krankheiten & Schädlinge an Zierpflanzen, Obst und Gemüse“ wird auch auf das geänderte Verbraucherverhalten eingegangen, indem die Probleme bei einer größeren Anzahl von Staudenpflanzen beschrieben werden.

Die Klimaveränderungen wie auch die Verschleppung einiger Schaderreger durch den weltweiten Handel haben sowohl zur verstärkten Pflanzung einiger Kulturen geführt als auch das Auftreten einiger Schaderreger gefördert, die bisher hierzulande nicht vorkamen. Diese Veränderungen, wie auch die veränderte Zulassungssituation der Pflanzenschutzmittel, sind in der neuen Auflage berücksichtigt.

Allen, die uns mit gutem Bildmaterial bei der Erstellung des Taschenatlas behilflich waren, möchten wir an dieser Stelle danken. Die Namen der Bildautoren sind im Bildquellenverzeichnis auf Seite 267 aufgeführt. Dem Verlag Eugen Ulmer möchten wir für die Unterstützung bei der Suche und Auswahl der Bilder sowie für die Gestaltung des Buches danken.

Diagnosehilfe

Die erfolgreiche Bekämpfung einer Krankheit oder eines Schädlings setzt die richtige Bestimmung des Schaderregers voraus. Ein guter Beobachter kann, unterstützt durch eine Lupe, viele Schaderreger visuell erkennen und damit die Schadursache finden und beseitigen. Die Erfahrung zeigt jedoch, dass viele Schädigungen eine nichtparasitäre Ursache haben. Wird der Schädiger nicht sofort erkannt, so können Fragen nach ungünstigen Standortbedingungen, Pflege- oder Kulturfehlern mitunter rascher zum Ziel führen als die aufwendige Suche nach einem möglicherweise nicht vorhandenen Schaderreger. Auch die Verteilung des Schadens im Pflanzenbestand und der Schadensverlauf können wertvolle Hinweise auf die Schadursache geben.

Zur Ergründung der Schadursache ist eine möglichst exakte Beschreibung des Schadbildes sehr hilfreich. Eine derartige Beschreibung hilft nicht nur beim Studium im Taschenatlas, sie ist auch von großer Hilfe, wenn eine Beratung in Anspruch genommen werden soll. Die im Anhang aufgelisteten Pflanzenschutz-

Stängelquerschnitt einer Sonnenblume mit Sklerotium des Pilzes *Sclerotinia sclerotiorum*.

dienststellen können umso besser helfen, je besser das Schadbild beschrieben werden kann. Bei Telefonaten sollten eine kranke Pflanze oder Pflanzenteile für Rückfragen parat liegen.

Werden Pflanzen zum Pflanzenschutzdienst gebracht oder eingesandt, so sind möglichst ganze Pflanzen oder Pflanzenteile aus dem Übergangsbereich der Erkrankung, also gesunde und kranke Pflanzenteile vorzulegen. Einsendungen von Pflanzen zur Untersuchung sollten so vorgenommen werden, dass die Pflanzen weder vertrocknet noch verfault im Labor ankommen. Dazu den angefeuchteten Wurzelballen mit einer Folie einpacken und am Wurzelhals gut verschließen, damit die Erde die Blätter nicht verschmutzt. Die grünen Pflanzenteile möglichst nicht mit einer Folie, sondern mit Zeitungspapier umschließen und das Paket so auspolstern, dass die Pflanzen während des Transportes nicht beschädigt werden. Einsendungen sollten möglichst zu Wochenbeginn verschickt werden, um eine kurze Transportzeit sicherzustellen.

Wichtige Fragen zum Beginn der Diagnose:

Sterben die Pflanzen oder einzelne Pflanzenteile ab?

- durch Fäulnis, durch Welken

Verfärben sich die Pflanzen oder einzelne Pflanzenteile?

- Blätter, Stiele, Leitungsbahnen, Blüten

Sind die Wurzeln verfärbt oder abgestorben?

- Wurzelspitzen, einzelne Wurzelstränge, der gesamte Wurzelballen

Zeigen die Pflanzen ein verändertes Wachstum?

- durch gehemmten oder deformierten Wuchs

Weisen die Pflanzen Überzüge oder Auflagerungen auf?

- flächig oder partiell, abwischbar oder fest

Ist das Pflanzengewebe teilweise zerstört, bestehen Wunden?

- Einstiche, Fraß oder Schlagverletzungen

Krankheiten und Schädlinge an Zimmerpflanzen

Anthurium, Flamingoblume

Anthurien haben einen erhöhten Wärmebedarf, die Bodentemperatur sollte 18–20 °C betragen. Leichte, durchlässige Substrate mit einem pH-Wert von 4,5–5,5 ermöglichen ein gutes Wachstum. Sind die Bedingungen nicht optimal, so entstehen leicht Vergilbungen und Verbräunungen der Blätter, die Wurzeln werden faul. Der Standort der Pflanzen sollte hell, aber geschützt vor direkter Sonneneinstrahlung sein. Trockene Luft begünstigt das Auftreten von Schildläusen, Spinnmilben und Thripsen.

Blattpocken (nichtparasitär)
🔍 Runde, gelblich-grüne aufgewölbte Pocken im Blattgewebe 1, mitunter auch ringartige gelbliche Flecken.
☂ Andauernd hohe Luftfeuchte bei niedrigen Temperaturen, starke Temperaturschwankungen, unausgeglichene Nährstoffversorgung oder Wurzelschäden kommen als Ursache in Betracht.

Enationen (nichtparasitär)
🔍 Wachstumsanomalien, unregelmäßiges, desorientiertes Wachstum des Blattgewebes 2.
Die Ursache ist bisher nicht geklärt, möglicherweise kommt starken Schwankungen von Temperatur und Feuchte eine besondere Bedeutung zu.

Tomatenbronzeflecken-Virus (tomato spotted wilt virus)

🔍 Blattgewebe unregelmäßig aufgehellt, mit kleinen Läsionen, Blattfläche teilweise verhärtet und verkrüppelt [3].

☂ Kranke Pflanzen entfernen, Bestände mit Blautafeln auf Thripsbefall überwachen (Thripse verbreiten das Virus).

Trieb- und Stängelfäule (*Myrothecium roridum)*

🔍 An Trieben, teilweise auch auf Blättern, wassergetränkte, schwarze Faulstellen [4]. Absterben zunächst einzelner Triebe. Auf den Befallsstellen kleine, zunächst weiße, später schwarze Sporenpolster (Lupe!).

☂ Befallene Pflanzen entfernen, Luftfeuchte herabsetzen, Tropfstellen beseitigen.

Welke (*Fusarium oxysporum*)

🔍 Einzelne Blätter werden fahlgrün bis gelb und fallen ab. Am Wurzelhals entsteht ein weißlich-rosa Pilzrasen [5]. Die Sporen werden durch Spritzwasser leicht verbreitet. Unter feuchtwarmen Bedingungen entwickelt sich die Krankheit sehr rasch.

☂ Zur Bekämpfung des Pilzes stehen keine ausreichend wirksamen Pflanzenschutzmittel zur Verfügung. Der Hygiene, insbesondere der Verwendung sauberer Kulturgefäße und krankheitsfreier Erden, kommt daher besondere Bedeutung zu. Siehe Seite 8.

3

4

5

1

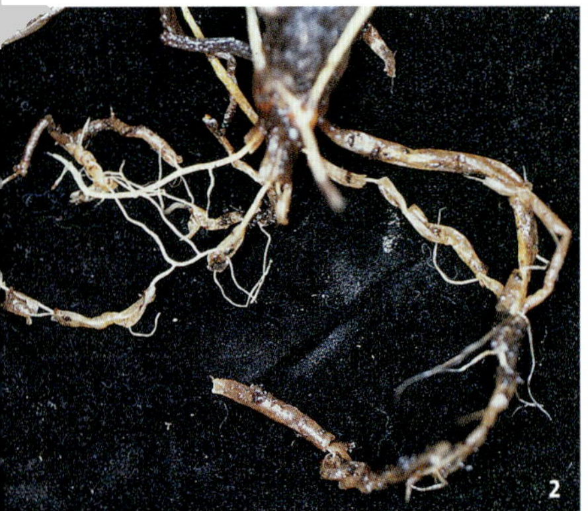

2

3

Wurzelfäule (*Pythium splendens*)

🔍 Die Blätter werden fahlgrün und stumpf [1]. Sie welken und vergilben. Die Wurzeln sind weichfaul. Die Wurzelrinde lässt sich vom Zentralzylinder abziehen, sodass „Wurzelbärte" verbleiben [2]. Die begeißelten Sporen des Pilzes benötigen zur Ausbreitung eine hohe Bodenfeuchte. Sauerstoffmangel im Boden begünstigt den Befall.

☂ Möglichst trocken kultivieren, seltener, aber durchdringend gießen. Substrate mit grober Struktur verwenden.

Blattfleckenkrankheit (*Septoria anthurii*)

🔍 Auf den Blättern entstehen graue, unregelmäßige Blattflecken. Sie sind von einem schmalen Rand mit gelber Zone umgrenzt [3]. Auf den Flecken entwickeln sich kleine punktförmige schwarze Sporenlager (Lupe!).

☂ Stark befallene und abgefallene Blätter entfernen. Die Luftfeuchte ist herabzusetzen. Häufiges Befeuchten oberirdischer Pflanzenteile ist zu vermeiden. Der Nährstoffgehalt des Bodens sowie das Auftreten von Schädlingen ist zu überprüfen. Bestände gegebenenfalls durch Behandlung mit Dithane NeoTec oder Pilzfrei Saprol vor einer Ausbreitung der Krankheit schützen.

Weitere Krankheiten und Schädlinge:

Blattläuse siehe Seite 61
Schildläuse siehe Seite 23
Spinnmilben siehe Seite 15
Thripse siehe Seite 16

Araliengewächse: Fatshedera, Fatsia, Monstera, Philodendron, Schefflera

4

In humosem Substrat bei einem pH-Wert von etwa 6,0 entwickeln sich die Pflanzen bei gleichmäßiger Feuchtigkeit sehr gut. Zu viel Feuchtigkeit kann zu Blattfall führen. Im Sommer sind die Pflanzen vor direkter Sonneneinstrahlung zu schützen. Zu niedrige Luftfeuchte fördert die Entwicklung von Spinnmilben und Thripsen. Die Pflanzen gedeihen auch an kühlen Standorten, der Wurzelballen sollte nicht zu kalt werden, möglichst nach unten isolieren.

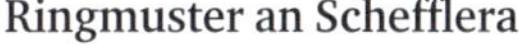

Ringmuster an Schefflera

Die Ursache ist bisher nicht geklärt, Virusdiagnosen verliefen negativ, möglicherweise ist das Symptom auf einen unausgeglichenen Wasserhaushalt durch Extreme in Wasserversorgung und Verdunstung zurückzuführen 4.

5

Blattflecken an Philodendron (*Colletotrichum* sp.)

Auf den Blättern dunkelbraune, eingesunkene Blattflecken mit konzentrischen Ringen 5. Die Flecken gehen meist vom Blattrand aus.

Kranke Pflanzenteile entfernen, Luftfeuchte herabsetzen. Bestände sind durch eine Behandlung mit Pilzfrei Saprol vor einer weiteren Ausbreitung des Pilzes zu schützen.

6

Spinnmilben (*Tetranychus urticae*)

Auf Blättern weißgelbe Sprenkel 6, später flächige Aufhellungen und Ver-

trocknen der Blätter. Die 0,2–0,5 mm großen Milben leben blattunterseits im Schutz zarter Gespinste.

Hohe Temperaturen und trockene Luft fördern den Befall. Zur Bekämpfung siehe Seite 261.

Weichhautmilben (Tarsonemidae)

Das Blattgewebe verhärtet und verkrüppelt, die Blätter bleiben kleiner, die Blattränder sind oftmals gebogen. Die Entwicklung der 0,3 mm großen, glasig weißen Milben ist unter feuchtwarmen Bedingungen begünstigt [1].

Mutterpflanzen sind ständig auf Befall zu kontrollieren. Zur chemischen Bekämpfung siehe Seite 262.

Thripse an Schefflera (Thysanoptera)

Blattpartien sind unregelmäßig weißlich-gelb verfärbt [2]. Dunkle Kotttröpfchen, besonders blattunterseits sind typisch für den Thripsbefall. Die kleinen schlanken, gelblichen bis braunen Tiere halten sich überwiegend blattunterseits auf. Niedrige Luftfeuchte und hohe Temperatur fördern den Befall. Bei stärkerem Befall vertrocknen die Blätter und fallen ab.

Bestände sind mit Blautafeln auf Befall zu kontrollieren. Zur Tilgung eines Befalls ist der frühe, wiederholte Einsatz von Insektiziden erforderlich. Siehe Seite 262.

Blattälchen an Fatshedera (*Aphelenchoides fragariae* und *A. ritzemabosi*)

Zunächst gelbe, später braune, eckige Blattflecken, von den Blattadern scharf begrenzt [3]. Die Nematoden leben im Blattgewebe, sie können sich bei häufiger

Blattbenetzung auf dem Blatt und an der Pflanze rasch verbreiten.

☂ Befallene Pflanzenteile entfernen und die Kulturführung trockener gestalten. Eine Blattbenetzung ist zu vermeiden. Keine Pflanzenteile von kranken Pflanzen für Vermehrungen verwenden.

Weitere Krankheiten und Schädlinge:
Pythium-Wurzelfäule siehe Seite 14
Schildläuse siehe Seite 23

Begonia, Begonie

Torfkultursubstrate mit einem pH-Wert von 5,0–6,0 sind für die Begonienkultur geeignet. Die Temperaturansprüche der verschiedenen Begonien-Arten sind sehr unterschiedlich. Die Pflanzen haben einen hohen Lichtbedarf, die Topfpflanzen sind aber vor direkter Sonneneinstrahlung im Frühjahr und Sommer zu schützen.

Blattverfärbung (Tomatenbronzeflecken-Virus; tomato spotted wilt virus)

🔍 Unregelmäßige Aufhellungen und Marmorierungen des Blattgewebes [4].

☂ Siehe Seite 256.

Ölfleckenkrankheit (*Xanthomonas axonopodis* pv. *begoniae*)

🔍 Vom Blattrand ausgehende grüngelbe, später braune Verfärbung. Im verfärbten Gewebe entstehen punktförmige, bei Gegenlichtbetrachtung ölige Flecken [5]. Innerhalb des befallenen Gewebes sind die Blattadern schwarz verfärbt. Die Bakterien werden bei der Stecklingsentnahme leicht verbreitet.

4

5

Kranke Pflanzenteile sofort entfernen. Stecklingsmesser wechseln und desinfizieren.

Fusarium-Welke (*Fusarium foetens*)

Bei Elatior-Begonien, vermindertes Wachstum, fettig glänzende Blätter, die im weiteren Verlauf welken und vertrocknen. Bei starkem Befall brechen die Stängel unter Verfärbung zusammen. An den Stängelbruchstellen treten weißlich lachsfarbene Sporenlager auf [1].

Erkrankte Pflanzen umgehend beseitigen. Stellflächen desinfizieren. Bekämpfungsmaßnahmen müssen mit sorgfältiger Hygiene im Mutterpflanzenbestand beginnen.

Stängelgrundfäule (*Rhizoctonia solani*)

Bei Jungpflanzen zunächst einseitig braune, eingesunkene Faulstellen. Weißliche oder hellbraune lange Pilzfäden bei hoher Luftfeuchte auf dem Substrat [2], besonders unter aufliegenden Blättern.

Kranke Pflanzen entfernen.

Phytophthora-Wurzelhalsfäule (*Phytophthora cryptogea*)

Der Stängelgrund ist braunschwarz verfärbt, die Stängel faulen und hängen über den Topfrand [3]. Das Symptom wird häufig bei älteren, verkaufsfertigen Pflanzen beobachtet.

Kranke Pflanzen beseitigen, übrige Pflanzen mit einem Fungizid gießen. Siehe Seite 258. Möglichst trocken kultivieren.

Wurzelbräune (*Thielaviopsis basicola*)

Blätter vergilben, ältere Blätter verbräunen vom Blattrand her. Die Wurzeln

sind infolge einer Trockenfäule braun verfärbt, daran befinden sich oft kurze, weiße Wurzelspitzen (siehe Seite 30).
☂ Salzgehalt des Substrates prüfen, nur mit geringen Konzentrationen düngen, häufiger, aber nicht zu stark gießen.

Echter Mehltau (*Oidium begoniae*)
⚲ Auf den Blattober- und Blattunterseiten sowie auch an den Blattstielen entsteht ein mehlig weißer Belag 4. Auch die Blüten werden befallen. Unter dem Belag ist das Gewebe braun verfärbt.
☂ Widerstandsfähige Sorten auswählen. Zur chemischen Bekämpfung siehe Seite 257.

Grauschimmel (*Botrytis cinerea*)
⚲ Das Gewebe wird wässrig und weichfaul, bei hoher Luftfeuchte entsteht ein grauer Sporenrasen 5.
☂ Alte Blätter und anderes abgestorbenes Pflanzengewebe aus dem Bestand entfernen. In den Wintermonaten trocken kultivieren, Luftfeuchte herabsetzen, längere Blattbenetzung und Taubildung in der Nacht verhindern. Zur chemischen Bekämpfung siehe Seite 258.

Weichhautmilben (Tarsonemidae)
⚲ An Blatt- und Blütenstielen entstehen grindig braune Verkorkungen 6. Das Blattgewebe verhärtet und verkrüppelt, die Blätter bleiben kleiner, die Blattränder sind oftmals nach unten gebogen. Die Entwicklung der 0,3 mm großen, glasig weißen Milben ist unter feuchtwarmen Bedingungen begünstigt.
☂ Mutterpflanzen sind ständig auf Befall zu kontrollieren. Zur chemischen Bekämpfung siehe Seite 262.

4

5

6

Trauermückenlarven (Sciaridae)

🔍 Glasig weiße Larven mit schwarzer Kopfkapsel (etwa 7 mm) fressen an Wurzeln und am Stängelgrund junger Pflanzen [1]. Bei Stecklingen dringen sie in den Stängel ein.

☂ Aussaaten und Stecklinge direkt nach der Aussaat bzw. dem Stecken mit insektenpathogenen Nematoden (*Steinernema feltiae*, z. B. Exhibit F 27), 250 000 Nematoden pro m^2, abgießen.

Kalifornischer Thrips (*Frankliniella occidentalis*)

🔍 Junge Blätter deformiert, Vegetationskegel verkrüppelt. Blüten mit Stippen, Blütenränder verbräunt [2]. In den Blüten, besonders in den Staubgefäßen, starke Vermehrung der Thripse [3].

☂ Bestände sind mit Blautafeln auf Befall zu kontrollieren. Die Kontrolle ist bei Jungpflanzen besonders wichtig, da bereits wenige Tiere zu Verkrüppelungen führen. Zur Tilgung eines Befalls ist der frühe, wiederholte Einsatz von Insektiziden erforderlich. Siehe Seite 262.

Blattälchen (*Aphelenchoides fragariae* und *A. ritzemabosi*)

🔍 Blattgewebe ist zunächst fahlgrün, später braun verfärbt. Das geschädigte Gewebe ist oft von den Blattadern scharf begrenzt [4].

☂ Befallene Pflanzenteile entfernen, Vermehrungsmaterial nur von gesunden Mutterpflanzen entnehmen.

Weitere Krankheiten und Schädlinge:

Pythium-Wurzelfäule siehe Seite 14

Cactea, Kakteen

Kakteen benötigen ein sandiges, durchlässiges Substrat. Der pH-Wert ist je nach Kultur zwischen pH 5,0 und 7,0 einzustellen. Anhaltende Feuchtigkeit ist zu vermeiden. Weiche, wüchsige Pflanzen sind abzuhärten, ehe sie der vollen Sonneneinstrahlung ausgesetzt werden können.

Korkflecken

Korkbildungen können durch zu hohe Luftfeuchtigkeit, Störungen der Ernährung oder starke Besonnung nicht abgehärteter Gewebeteile entstehen 5. Sie treten auch bei Spinnmilbenbefall auf!

Drechslera-Fäule (*Drechslera cactivora*)

Die Fäule geht vom Stammgrund aus und schreitet rasch in Form einer Nassfäule ins Innere des Pflanzenkörpers vor 6.

6

Zur Bekämpfung des Pilzes stehen keine ausreichend wirksamen Pflanzenschutzmittel zur Verfügung. Der Hygiene, insbesondere der Verwendung sauberer Kulturgefäße und krankheitsfreier Erden, kommt daher besondere Bedeutung zu. Siehe Seite 9.

Fusarium-Fäule und -Welke (*Fusarium oxysporum* f. sp. *opuntiarum*)

Einzelne Triebe werden zunächst glanzlos, fahlgrün und welken. Im weiteren Krankheitsverlauf welkt die ganze Pflanze 7.

Die Leitungsbahnen des Stammgrundes sind rotbraun verfärbt. Der Pilz wird bei der Vermehrung kranker Pflanzenteile,

7

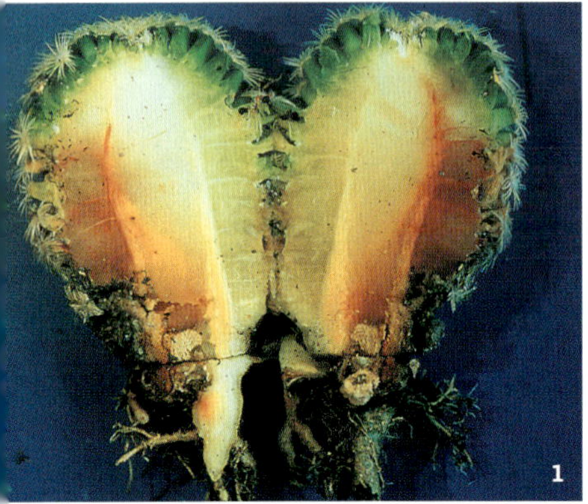
1

2

3

durch verseuchte Kulturgefäße und Erden sowie mit Gießwasser leicht auf andere Pflanzen übertragen 1.

Zur Bekämpfung des Pilzes stehen keine ausreichend wirksamen Pflanzenschutzmittel zur Verfügung. Der Hygiene, insbesondere der Verwendung sauberer Kulturgefäße und krankheitsfreier Erden, kommt daher besondere Bedeutung zu. Siehe Seite 9.

Rostkrankheit an Rhipsalidopsis

Auf den Blattgliedern entstehen kleine Höcker, die sich später braun verfärben, aufplatzen und zahlreiche Rostsporen entlassen 2. Die Pilzsporen werden durch die Luft verbreitet.

Kranke Glieder abbrechen und entfernen. Befallene Pflanzen isoliert aufstellen. Zur chemischen Bekämpfung siehe Seite 257.

Spinnmilben (*Tetranychus urticae*)

Zunächst weißgelbe Sprenkel, später flächige, fahlgrüne Aufhellungen, bei starkem Befall auch grindige, braun-rostige Gewebepartien 3. Die Milben leben oft im Schutz zarter Gespinste.

Hohe Temperaturen und trockene Luft fördern den Befall. Zur Bekämpfung siehe Seite 261.

Wurzelläuse (*Rhizoecus* sp.)

An Wurzeln und unterirdischen Stammteilen sitzen weißgraue Läuse unter wolligen Wachsausscheidungen 4.

Befallene Pflanzen vernichten. Übrige Pflanzen auf Befall kontrollieren.

Schildläuse (Coccidae)

🔍 Weißliche oder gelblich-braune Höcker auf der Pflanzenoberfläche 5. Mit einer Nadel lassen sich die Schildläuse meist vom Pflanzengewebe abheben.

☂ An Einzelpflanzen kann man die Läuse mit einer alten Zahnbürste vom Pflanzengewebe ablösen und die Pflanzenteile sodann mit einem ölgetränkten Wattebausch leicht abreiben. Unter dem Ölfilm ersticken die Läuse. Bei mehreren Pflanzen oder stärkerem Befall sind Spritzbehandlungen mit Insektiziden (z. B. Mineralöl) erforderlich. Siehe Seite 260.

Zwergfüßler (*Symphyla*)

🔍 Die untersten Blattglieder werden vom Boden her hohl gefressen. In dem absterbenden Randgewebe siedeln sich zahlreiche sekundäre Pilzkrankheiten an 6. An den geschädigten Pflanzenteilen sind etwa 5 mm lange, schmale Tiere mit zwölf Beinpaaren und langen Fühlern 7.

☂ Befallene Pflanzenteile entfernen. Eine chemische Bekämpfung mit Unden flüssig im Gießverfahren ist nur bei Jungpflanzen zu empfehlen.

Weitere Krankheiten und Schädlinge:

Pythium-Wurzelfäule tritt bei Sämlingen sowie bei zu hoher Substratfeuchte auf, siehe Seite 14.

Rhizoctonia-Stängelgrundfäule ist besonders bei Sämlingen und Stecklingen als eine von der Sprossbasis ausgehende Nassfäule zu beobachten, siehe Seite 40.

Schmierläuse siehe Seite 28

4

5

6

7

1

2

3

Camellia, Kamelie

Das durchlässige Substrat sollte einen pH-Wert von 4,0–4,5 aufweisen, möglichst mit Regenwasser gießen. Die Temperatur zur Knospenbildung ist im Sommer über 15 °C und zur Knospenausreife im Winter unter 12 °C einzustellen. Günstige Überwinterungsbedingungen sind ein heller Standort und Temperaturen zwischen 5 und 10 °C.
Zu hohe Treibtemperaturen, zu starke Temperaturschwankungen, Ballentrockenheit, Staunässe, unausgeglichene Nährstoffversorgung, trockene Luft und ungünstige Lichtverhältnisse können ein Abfallen der Knospen zur Folge haben.

Gelbfleckigkeit

Einzelne Triebe oder Blätter werden unregelmäßig gelb, fast weißfleckig 1. Das Symptom kann sowohl genetisch, als auch virös bedingt sein.
Unabhängig von der Ursache ist eine Bekämpfung nur durch sorgfältige Selektion der Mutterpflanzen möglich. Pflanzen mit geringsten Symptomen müssen entfernt werden.

Blattfleckenkrankheit (*Phyllosticta cameliae*)

Auf den Blättern entstehen braune, unregelmäßige Flecken 2. Bei hoher Luftfeuchtigkeit und sonstigen Schädigungen des Blattes kommt es zu einer rascheren Ausbreitung der pilzlichen Erkrankung.
Befallene Pflanzenteile möglichst entfernen. Für ein rasches Abtrocknen der Blätter und möglichst niedrige Luftfeuchte sorgen. Pflanzen im Herbst gut ausrei-

fen lassen. Chemische Bekämpfung siehe Seite 257.

Dickmaulrüssler (*Otiorhynchus sulcatus*)

Das Auftreten der Käfer ist am Buchtenfraß an den Blättern zu erkennen [3]. Den eigentlichen Schaden verursachen die Larven durch Fraß an den Wurzeln. Sie sind weiß mit brauner Kopfkapsel, bauchseits gekrümmt und bis zu 12 mm groß.

Der Einsatz insektenpathogener Nematoden (*Steinernema carpocapsae* oder *Heterorhabditis* sp.) hat sich bewährt. Je nach Befallsstärke werden 250 000–500 000 Nematoden pro m² bzw. 4 000 Nematoden pro Liter Substrat gegossen. Die Bodentemperatur muss mindestens 13 °C betragen, auf gleichmäßige Bodenfeuchte ist zu achten.

Weitere Krankheiten und Schädlinge:
Schildläuse schädigen ebenfalls am Spross, siehe Seite 28
Thripse siehe Seite 16

4

5

Cissus, Klimme

Der Standort der Pflanzen sollte sonnig bis halbschattig sein. Die Pflanzen wachsen in einem sehr weiten Temperaturbereich. Der optimale pH-Wert des humusreichen Substrates liegt zwischen 5,5–6,5. Staunässe, Ballentrockenheit und zu niedrige Luftfeuchte sind zu vermeiden, Blattfall tritt häufig als Folge derartiger Standortbedingungen auf.

Eckige Blattflecken (nichtparasitär)

Diese nichtparasitäre Erkrankung führt zu scharf begrenzten gelblich bräunlichen, durchscheinenden Flecken [4], deren Ursache in ungeeigneten Standortbedingungen zu sehen ist.

Echter Mehltau (*Oidium* sp.)

An den Blattober- und Blattunterseiten sowie an den Blattstielen entsteht ein mehlig weißer Belag, siehe Bild 5 Seite 25. Unter dem Belag ist das Gewebe braun verfärbt.

Bekämpfung siehe Seite 257.

Spinnmilben (*Tetranychus urticae*)

Auf den Blättern weißgelbe Sprenkel, später flächige Aufhellungen und Vertrocknen der Blätter 1.

Hohe Temperaturen, Wassermangel der Pflanzen und trockene Luft fördern den Befall. Zur Bekämpfung siehe Seite 261.

Weichhautmilben (Tarsonemidae)

Blätter an Triebspitzen sind kleiner und verhärtet, die Blattränder sind oftmals nach unten gebogen 2. An Blattstielen grindig braune Verkorkungen. Die Entwicklung der 0,3 mm großen, glasig weißen Milben ist unter feuchtwarmen Bedingungen begünstigt.

Mutterpflanzen sind ständig auf Befall zu kontrollieren. Zur chemischen Bekämpfung siehe Seite 262.

Weitere Krankheiten und Schädlinge:

Pythium-Wurzelfäule siehe Seite 14
Blattläuse siehe Seite 61

Citrus, Orange, Zitrone, Lemone

Citrus benötigt ein lehmiges, leicht saures Substrat mit einem pH-Wert von 5,5–6,5. Die Pflanzen sind empfindlich gegenüber Staunässe und sollten einen möglichst hellen, sonnigen Standort erhalten.

3

Chlorosen

⚲ Wurzelerkrankungen, wie auch Staunässe, ungeeignete Substrate, ungleichmäßige Nährstoffversorgung und ungeeignete pH-Werte führen zu Blattaufhellungen 3.

4

Schmierläuse (*Pseudococcidae*)

⚲ An Blattstielen und Blattadern weiße Wachsausscheidungen, darunter geschützte Schmierlauskolonien 4.

☂ Befallene Pflanzenteile möglichst entfernen. Die Bekämpfung kann durch Spritzen von Mineralölen (siehe Seite 260), das zum Ersticken der Läuse unter dem Ölfilm führt, erfolgen. Behandlungen nicht bei direkter Sonneneinstrahlung vornehmen und nicht zu oft wiederholen. Siehe auch Seite 260.

5

Spinnmilben (*Panonychus citri*)

⚲ Auf Blättern weißgelbe Sprenkel, später flächige Aufhellungen und Vertrocknen der Blätter 5. Die 0,2–0,5 mm großen Milben leben blattunterseits.

☂ Befallene Pflanzenteile entfernen. Hohe Temperaturen und trockene Luft fördern den Befall. Zur Bekämpfung siehe Seite 261.

Codiaeum, Croton

Die Standorttemperatur sollte relativ hoch sein, bei 30 °C wird eine gute Ausfärbung der Blätter erreicht. Im Winter sollten 18 °C nicht unterschritten werden. Einige Sorten vertragen auch tiefere Temperaturen, bei 5 °C kommt es jedoch zum Abstoßen der Blätter. Der pH-Wert des Substrates sollte zwischen 6,0 und 7,0 liegen.

Blattflecken (*Glomerella cingulata*)
Aschgraue Flecken auf den Blättern 1. Bei starkem Befall kommt es zu Blattfall. Der Pilz wächst in die Blattadern und Blattstiele hinein.
Auf eine ausgewogene Ernährung der Mutterpflanzen achten. Luftfeuchte niedrig halten und für rasches Abtrocknen der Pflanzen sorgen.

Schildläuse (Coccidae)
Auf den Blättern helle Saugstellen der Läuse. Unter den braunen Schilden entwickeln sich viele Jungtiere 2. Bei starkem Befall entsteht auf den Blättern eine klebrige Honigtauschicht, auf der sich Rußtaupilze ansiedeln.
Stark befallene Blätter entfernen. Blätter mit einem Wattebausch mit Salatöl vorsichtig abreiben oder Pflanzen wiederholt mit mineralölhaltigen Präparaten spritzen (siehe Seite 260).

Schmierläuse (Pseudococcidae)
An Blattstielen und Blattadern weiße Wachsausscheidungen, darunter geschützte Schmierlauskolonien 3.
Befallene Pflanzen entfernen. Spritzen von Mineralölen, siehe Seite 260, führt

zum Ersticken der Läuse unter dem Ölfilm. Behandlungen nicht bei direkter Sonneneinstrahlung vornehmen und nicht zu oft wiederholen.

Weitere Krankheiten und Schädlinge:
Pythium-Wurzelfäule siehe Seite 14
Spinnmilben und Weichhautmilben siehe Seiten 15, 16

3

Cyclamen, Alpenveilchen

Die blühenden Pflanzen können bei Temperaturen zwischen 14 und 21 °C weiterkultiviert werden. Besonders im Winter ist darauf zu achten, dass kein Niederschlag aufgrund zu hoher Luftfeuchte auftritt. Im Sommer müssen die Pflanzen einen schattigen Standort erhalten. Der pH-Wert des Torf-Ton-Substrates sollte zwischen 5,0 und 6,0 liegen. Zu hohe Salzgehalte des Substrates sind unbedingt zu vermeiden, Nachdüngungen sollten in geringen Konzentrationen erfolgen.

Nichtparasitäre Knollennassfäule
Blätter welken und vergilben, die Knolle ist teilweise nassfaul und braun verfärbt. In der Knolle ist eine weißlich-breiige Bakterienmasse. Die Bakterien (*Erwinia carotovora*) siedeln sich sekundär in den geschädigten Knollen an. Teilweise trocknet der Befall ein, braun verfärbte Hohlräume bleiben zurück 4.
Kranke Pflanzen beseitigen, pH-Wert und Nährstoffversorgung optimal gestalten, Stickstoffdüngung überprüfen, Knolle besonders bei hohen Temperaturen nicht zu oft befeuchten. Nicht zu tief topfen.

4

Tomatenbronzeflecken-Virus (tomato spotted wilt virus)

🔎 Kümmerwuchs, Blattfläche zum Teil deformiert, Nekrosen der Blattadern und im Blattgewebe, oft am Blattgrund, Blütenfarbbrechungen. Bei beginnendem Befall im Blatt braune Eichenblattmuster [1].

☂ Kranke Pflanzen entfernen, Bestände mit Blautafeln überwachen. Das Virus wird in Beständen durch Thripse verbreitet.

Brennfleckenkrankheit (*Cryptocline cyclaminis*)

🔎 In der Pflanzenmitte wachsen keine jungen Blätter und Knospen nach, es entstehen Trichterpflanzen [2]. Das Gewebe junger Pflanzenteile ist eingeschnürt, eingetrocknet und braun [3].

☂ Jungpflanzen auf Befall prüfen.

Wurzelbräune (*Thielaviopsis basicola*)

🔎 Blätter vergilben, ältere Blätter verbräunen vom Blattrand her. Die Wurzeln sind infolge einer Trockenfäule braun verfärbt, daran sind oft kurze, weiße Wurzeln [4].

☂ Salzgehalt des Substrates prüfen, nur mit geringen Konzentrationen düngen, häufiger, aber nicht zu stark gießen.

Cylindrocarpon-Fäule (*C. destructans*)

🔎 Besonders an jungen Knollen kommt es zu braunen, eingesunkenen Flecken [5]. Die Knollen werden walzenförmig, ältere Knollen sind rissig.

☂ Eine Bekämpfung des Pilzes ist nur bei Jungpflanzen erforderlich.

Cyclamenwelke (*Fusarium oxysporum* f. sp. *cyclaminis*)

Die Blätter welken und vergilben zunächst einseitig, später bricht die Pflanze zusammen 6. Die Leitungsbahnen der Knolle sind von der Wurzel zu den Blättern fortschreitend braun verfärbt, im Querschnitt deutlich erkennbar 7.

Der Pilz entwickelt sich bei hohen Temperaturen und niedrigen pH-Werten besonders gut. Diese Kulturbedingungen sind zu vermeiden. Während der Kultur sind die Hygienemaßnahmen einzuhalten. Siehe Seite 8.

5

Grauschimmel (*Botrytis cinerea*)

Das Gewebe wird wässrig und weichfaul, bei hoher Luftfeuchte entsteht ein grauer Sporenrasen. Die Pockenbildung auf den Blüten kann in einer Nacht entstehen 8.

Alte Blätter und abgestorbenes Pflanzengewebe aus dem Bestand entfernen. Besonders in den Wintermonaten möglichst trocken kultivieren, Luftfeuchte durch reichliches Lüften herabsetzen, Taubildung in der Nacht verhindern.

Die chemische Bekämpfung kann die kulturtechnischen Maßnahmen nur unterstützen, sie kann durch Spritzbehandlungen in Beständen erfolgen. Siehe Seite 256.

7 6

8

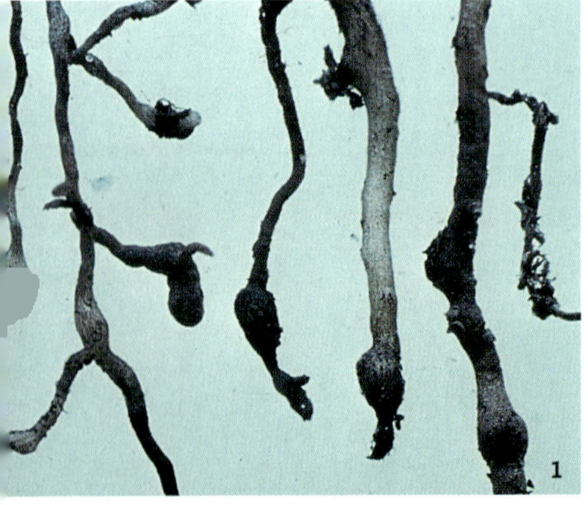

1

2

3

Wurzelgallenälchen (*Meloidogyne incognita*)

⚲ Das Wachstum der Pflanzen ist deutlich verringert. An den Wurzeln entstehen perlschnurartige, knotige Anschwellungen [1].

☂ Befallene Pflanzen beseitigen. Bei ausgepflanzten Kulturen die Stellfläche dämpfen oder gegebenenfalls auf Containerkultur umstellen.

Weichhautmilben (Tarsonemidae)

⚲ Jüngere Blätter verhärtet und deformiert. Besonders Blütenstängel einseitig grindig und brüchig. Blüten deformiert mit weißlich-braunen Verhärtungen [2].

☂ Pflanzen auf Befall kontrollieren. Kranke Pflanzen sofort entfernen. Zur chemischen Bekämpfung siehe Seite 262.

Trauermückenlarven (Sciaridae)

⚲ Glasig weiße Larven mit schwarzer Kopfkapsel (etwa 7 mm) [3] fressen an Wurzeln und Knollen junger Pflanzen.

☂ Aussaaten und Jungpflanzen direkt nach der Saat bzw. dem Pikieren mit insektenpathogenen Nematoden (*Steinernema feltiae*, z. B. Exhibit F 27), 250 000 Nematoden pro m^2, abgießen.

Dickmaulrüssler (*Otiorhynchus sulcatus*)

⚲ Das Auftreten der Käfer ist am Buchtenfraß an den Blättern zu erkennen. Den eigentlichen Schaden verursachen die Larven durch Fraß an den Wurzeln und an der Knolle. Die Larven sind weiß gefärbt mit brauner Kopfkapsel, bauchseits gekrümmt und bis zu 12 mm groß [4].

⛱ Der Einsatz insektenpathogener Nematoden (*Steinernema carpocapsae* oder *Heterorhabditis* sp.) hat sich bewährt. Je nach Befallsstärke werden 250 000–500 000 Nematoden pro m^2 bzw. 4 000 Nematoden pro Liter Substrat gegossen. Die Bodentemperatur muss mindestens 13 °C betragen, auf gleichmäßige Bodenfeuchte ist zu achten.

Kalifornischer Thrips (*Frankliniella occidentalis*)

🔍 Junge Blätter 5 und Blüten 6 deformiert, Vegetationskegel verkrüppelt. In den Blüten, besonders in den Staubgefäßen starke Vermehrung der Thripse.

⛱ Bestände sind mit Blautafeln auf Befall zu kontrollieren. Die Kontrolle ist bei Jungpflanzen besonders wichtig, da bereits wenige Tiere zu Verkrüppelungen führen. In blühenden Beständen ist ein Befall nicht mehr zu eliminieren. Zur Tilgung eines Befalls ist der frühe, wiederholte Einsatz von Insektiziden erforderlich, siehe Seite 262.

Weitere Krankheiten und Schädlinge:

Pythium-Wurzelfäule siehe Seite 14

Rhizoctonia-Stängelgrundfäule tritt gelegentlich bei Jungpflanzen auf, siehe Seite 40

Blattläuse siehe Seite 61

4

5

6

Dieffenbachia, Dieffenbachie

Während der Kultur sind Temperaturen von etwa 20 °C erforderlich, später können die Pflanzen auch bei niedrigeren Temperaturen stehen, sofern der Wurzelballen nicht zu kalt wird. Trotz des hohen Lichtbedarfs sollten die Pflanzen vor direkter Sonneneinstrahlung in den Sommermonaten geschützt werden. Erhöhte Luftfeuchte (80 %) fördert die Entwicklung der Pflanzen, birgt jedoch die Gefahr der Ausbreitung von Pilzen und Bakterien. Das Substrat sollte sehr humushaltig sein und einen pH-Wert von 5,5–6,0 aufweisen. Die Pflanzen haben einen hohen Kaliumbedarf, der durch schwache, aber regelmäßige Düngungen gedeckt werden kann.

Bakterielle Stammfäule (*Erwinia chrysanthemi*)
🔍 Der Wuchs ist gehemmt, die Blätter sind fahlgrün, die Blattstiele oft nach unten gekrümmt, ältere Blätter vergilben. Der Stängelgrund platzt auf, ein gelblichbrauner Bakterienschleim tritt aus 1.
☂ Kranke Pflanzen beseitigen. Stecklinge nur von gesunden Pflanzen entnehmen. Stecklingsmesser nach jedem Schnitt desinfizieren (z.B. im Backofen).

Bakterielle Blattflecken (*Pseudomonas cichorii*)
🔍 Vergilbung und Fäulnis des Blattgewebes mit öligem Rand, oft vom Blattrand ausgehend 2.
☂ Siehe Seite 256.

Phytophthora-Stammgrundfäule

🔍 Einzelne Pflanzenpartien welken und sterben ab 3. Die Fäulnis schreitet vom Stamm in die Blätter fort.

☂ Kranke Pflanzen beseitigen, möglichst trocken kultivieren.

Blattflecken (*Colletotrichum gloeosporioides*)

🔍 Im Blattgewebe entstehen dunkle, wässrig faule Blattflecken, in deren Mitte sich kleine schwarze Fruchtkörper entwickeln 4.

☂ Kranke Pflanzenteile entfernen, Luftfeuchte herabsetzen. Bestände sind durch eine Spritzbehandlung vor einer weiteren Ausbreitung des Pilzes zu schützen. Siehe Seite 257.

Weitere Krankheiten und Schädlinge:

Blattläuse siehe Seite 61
Schildläuse siehe Seite 23
Schmierläuse siehe Seite 27
Spinnmilben siehe Seite 15
Thripse siehe Seite 16

Dracaena, Drachenbaum

Die Pflanzen benötigen einen hellen, vor direkter Sonneneinstrahlung geschützten Standort bei 18–24 °C. *Dracaena draco* und *D. fragrans* können auch bei 12–16 °C kultiviert werden. Das humose Substrat sollte nicht zu schwer sein. Der optimale pH-Wert des Substrates liegt bei 5,0–6,0.

Ringfleckenvirus

🔍 Blattaufhellungen, Vergilbungen von Blättern mit typischen Ringflecken 5.

3

4

5

⚘ Kranke Pflanzen entfernen. Die Übertragung der Krankheit erfolgt durch saugende Insekten. Siehe Seite 256.

Fusarium-Stängelfäule *(Fusarium* sp.)
⚲ Schwarze Verfärbung des Blattgrundes, vom Stamm ausgehend [1].
⚘ Kranke Pflanzenteile bis ins gesunde Holz ausschneiden.

Bananentriebbohrer (*Opogona sacchari*)
⚲ Der Austrieb welkt, der Stamm wird weich, die Rinde löst sich leicht ab. Unter der Rinde fressen die Larven des unscheinbaren Falters. Die Verpuppung erfolgt unter der Rinde. Die Puppenhülle bleibt in der Rinde stecken [2].
⚘ Befallene Stämme beseitigen. In Beständen Fanglampen aufhängen.

Weitere Krankheiten und Schädlinge:
Blattläuse siehe Seite 61
Schmierläuse siehe Seite 27
Spinnmilben siehe Seite 15
Thripse siehe Seite 16

Euphorbia, Weihnachtsstern, Christusdorn

Die blühenden Pflanzen sollten bei Zimmertemperatur und nicht zu niedriger Luftfeuchte aufgestellt werden. Niederschlag durch zu hohe Luftfeuchte bzw. zu starke Temperaturabsenkung in der Nacht ist zu vermeiden. Die Töpfe dürfen nicht auf kalten Flächen stehen, sie sollten gleichmäßig feucht gehalten und mäßig gedüngt werden. Staunässe führt zu Wurzelfäule und Blattfall. Der optimale pH-Wert liegt zwischen 5,5 und 6,5. Hohe Salzgehalte sind zu vermeiden.

Enationen

🔎 Gewebeausstülpungen der Blattspreite [3]. Die Ursache der Anomalie ist nicht bekannt, möglicherweise führen starke Klimaschwankungen und unausgeglichene Wasser- und Nährstoffversorgung zu derartigen Gewebeveränderungen.

Geisterflecken

🔎 Auf den gefärbten Brakteen treten unregelmäßige weiße Flecken auf [4].

☂ Der Einfluss stark schwankender Temperaturen und/oder Luftfeuchtigkeiten, unausgewogene Nährstoffversorgung oder zu geringe Lichtintensität werden als Ursache diskutiert.

Salzschäden

🔎 Blattränder zunächst gelb, später braun verfärbt und eingetrocknet [5]. Die Blätter fallen ab.

☂ Zu hoher oder zu stark schwankender Salzgehalt des Bodens. Zu hohe Salzgehalte dürfen nicht zu plötzlich reduziert werden.

Molybdän-Mangel

🔎 Die Blätter weisen Einschnürungen, einseitige Verkrümmungen und zum Teil auch Löcher auf [6].

☂ pH-Wert von 5,5–6,0 einstellen. Versorgung der Jungpflanzenkultur mit Mikronährstoffen sicherstellen (5 g Mo/m³).

Scheuerflecken

🔎 Auf den gefärbten Brakteen sind helle Stellen. Die geschädigten Stellen haben

4

5

6

1

2

sich an anderen Blättern oder der Verpackung gerieben [1].
Bei längeren Vermarktungswegen anfällige Sorten meiden.

Schlechte Brakteenausfärbung
Brakteen teilweise grün, ungleichmäßig ausgefärbt [3].
Für gleichmäßige Temperaturführung während der Brakteenausfärbung sorgen.

Triebchimären
Jüngste Blätter deformiert, eingeschnürt, häufig auch weißscheckig [2]. Ursache: Mutationen des Zellscheitelgewebes bei der Stecklingsentnahme.

poinsettia mosaik virus
Blätter mosaikartig aufgehellt [4]. Symptome werden oftmals erst bei gleichzeitigem Auftreten des poinsettia cryptic virus beobachtet.
Siehe Seite 256.

Wurzelbräune (*Thielaviopsis basicola*)
Blätter vergilben, ältere Blätter verbräunen vom Blattrand her. Die Wurzeln

3

4

sind infolge einer Trockenfäule braun verfärbt, daran sind oft kurze weiße Wurzeln, siehe Bild 4 Seite 30.

☂ Salzgehalt des Substrates prüfen, nur mit geringen Konzentrationen düngen, häufiger, aber nicht zu stark gießen.

Bakterielle Blattflecken (*Xanthomonas axonopodis* pv. *poinsettiicola* oder *Curtobacterium flaccumfaciens*) **an Euphorbia pulcherrima**

🔍 Wässrige Blattflecken unterschiedlicher Größe mit hellem Hof 5, die später eintrocknen, teilweise tritt Blattfall auf, einhergehend mit aufgeplatzten Stängeln.

☂ Infizierte Pflanzen beseitigen. Siehe Seite 256.

Wurzel- und Stammgrundfäule (*Phytophthora nicotianae*)

🔍 Die Blätter welken und vergilben 6. Die Wurzeln sind weichfaul. Die Krankheit ist von *Pythium* nur schwer zu unterscheiden. Eine Laboruntersuchung ist bei Jungpflanzen unbedingt erforderlich.

☂ Möglichst trocken kultivieren, seltener, aber durchdringend gießen. Substrate mit grober Struktur verwenden. Siehe Seite 258.

Wurzel- und Stammgrundfäule (*Pythium ultimum*)

🔍 Die Blätter welken und vergilben. Die Wurzeln sind weichfaul. Die Wurzelrinde lässt sich vom Zentralzylinder abziehen, sodass „Wurzelbärte" verbleiben 7. Die begeißelten Sporen des Pilzes benötigen zur Ausbreitung eine hohe Bodenfeuchte. Sauerstoffmangel im Boden begünstigt den Befall.

5

6

7

Möglichst trocken kultivieren, seltener, aber durchdringend gießen. Substrate mit grober Struktur verwenden. Siehe Seite 258.

Stängelgrundfäule (*Rhizoctonia solani*)

Besonders Jungpflanzen welken 1 in den ersten Tagen bis Wochen nach dem Stecken bzw. dem Topfen. Der Stängelgrund ist zunächst einseitig verbräunt und eingeschnürt. Unter aufliegenden Blättern entwickeln sich lange Pilzfäden.

Jungpflanzen nicht zu tief topfen. Nach dem Topfen mit geringem Druck spritzen, damit der Stängelgrund gut benetzt wird.

Triebsterben, Grauschimmelfäule (*Botrytis cinerea*)

Einzelne Triebe welken und sterben ab, auf den dunkel verfärbten Stängeln entsteht bei hoher Luftfeuchte ein grauer Schimmelbelag.

Helle Stippen, später braune Flecken auf den Brakteen, Absterben einzelner Hochblätter.

Grauer Sporenrasen auf Cyathien, von dort ausgehend verfault die gesamte Braktee 2.

Verfärbung der weichen, nur wenige Millimeter langen Seitentriebe in den Blattachseln. Von den Seitentrieben wächst der Pilz in den Stängel hinein, der sich zunächst partiell verfärbt, später abstirbt.

Besonders gefährdet sind eng stehende, verdunkelte Bestände im August/September, wenn nachts Niederschlag entsteht, sowie blühende Bestände bei zu starker Absenkung der Nachttemperatur. Siehe Seite 258.

Fusarium-Welke (*Fusarium oxysporum*) **an Euphorbia milii**
🔍 Einzelne Pflanzenteile sind von innen heraus verbräunt und sterben unter braun-schwarzer Verfärbung ab [3].
☂ Kranke Pflanzenteile sofort entfernen. Mutterpflanzen sorgfältig kontrollieren.

Rhizopus-Fäule (*Rhizopus stolonifer*)
🔍 Oberirdische Pflanzenteile sterben unter grau-schwarzer Fäule des Pflanzengewebes ab [4]. Die Fäulnis ist bei hoher Luftfeuchte von watteartigem Pilzgeflecht überzogen.
☂ Die pilzliche Erkrankung tritt besonders bei hoher Luftfeuchte unter Folie auf. Mutterpflanzenbestände sind auf Befall zu kontrollieren. Die Maßnahmen zur Bekämpfung von *Botrytis* sind zu beachten.

Rußtau
🔍 Auf Honigtauausscheidungen von Insekten zunächst helles, später schwarz werdendes Pilzgeflecht [5].
☂ Insekten, besonders die Weiße Fliege, bekämpfen.

Kalifornischer Thrips (*Frankliniella occidentalis*)
🔍 Einstichstellen im Blatt. Um die geschädigten Zellen verkrüppelt das Blattgewebe [6].
☂ Die schädigenden Thripse fliegen von Nachbarkulturen oder von der Stellfläche einer befallenen Vorkultur zu. An *Euphorbia pulcherrima* können sie sich nicht vermehren. Siehe Seite 262.

Weiße Fliege (*Trialeurodes vaporariorum, Bemisia tabaci*)
🔍 Auf den Blattunterseiten 2–3 mm

4

5

6

1

2

3

4

große Mottenschildläuse mit weißen Flügeln und ungeflügelten hellgelben Larvenstadien 1. Die Flügel stehen bei *Trialeurodes* nicht so steil dachförmig über dem Hinterleib hinaus wie bei *Bemisia* 2. Bei stärkerem Befall vergilben die Blätter. Es entsteht ein klebriger Honigtaubelag.

Siehe Seite 262.

Trauermückenlarven (Sciaridae)

Glasig weiße Larven mit schwarzer Kopfkapsel, etwa 7 mm lang. Sie leben in feucht-humosem Substrat und dringen von dort in den Stängel ein 3. Gefährdet sind Stecklinge und Jungpflanzen in den ersten zwei bis drei Wochen.

Siehe Seite 260.

Weitere Krankheiten und Schädlinge: Schmierläuse, Blattläuse und Schildläuse kommen an *Euphorbia*-Arten nur gelegentlich vor, siehe Seiten 27, 61, 23.

Ficus, Feigenbaum

Die Pflanzen lieben viel Licht, sollten jedoch vor direkter Sonneneinstrahlung im Sommer geschützt werden. Die Mindesttemperatur sollte je nach Art 16–20 °C betragen. Günstig ist eine möglichst ganzjährige Bodentemperatur von etwa 20 °C. Der pH-Wert der humusreichen, schwach gedüngten Torf- und Torf-Ton-Substrate sollte bei 5,5–6,5 liegen.

Tomatenbronzeflecken-Virus (tomato spotted wilt virus)

Blattgewebe unregelmäßig verbräunt, Blattfläche teilweise verhärtet 4.

⛱ Kranke Pflanzen entfernen, Bestände mit Blautafeln überwachen. Das Virus wird in Beständen durch Thripse verbreitet.

Bakterielle Blattflecken (*Pseudomonas syringae*)

🔍 Oftmals vom Blattgrund ausgehende braune Verfärbung, die über das Blatt fortschreitet und zum Absterben einzelner Blätter und Triebe führt 5.

⛱ Kranke Pflanzenteile sofort entfernen. Stecklingsmesser wechseln und desinfizieren. Niederschlag bei relativ hohen Temperaturen (Vermehrung) fördert den Befall (siehe auch Seite 256).

Spinnmilben (*Tetranychus urticae*)

🔍 Auf Blättern weißgelbe Sprenkel 6, später flächige Aufhellungen und Vertrocknen der Blätter. Die 0,2–0,5 mm großen Milben leben blattunterseits im Schutz zarter Gespinste.

⛱ Hohe Temperaturen und trockene Luft fördern den Befall. Zur Bekämpfung siehe Seite 261.

Thripse (Thysanoptera)

🔍 Blattpartien sind unregelmäßig weißlich-gelb verfärbt 7. Dunkle Kottröpfchen, besonders blattunterseits, sind typisch für den Thripsbefall. Die kleinen schlanken, gelblich bis braunen Tiere halten sich überwiegend blattunterseits auf. Niedrige Luftfeuchte und hohe Temperatur fördern den Befall. Die Früherkennung eines Befalls ist mit Blautafeln möglich.

⛱ Der rechtzeitigen Bekämpfung der Thripse kommt wegen der Gefahr der Übertragung von Virosen besondere Bedeutung zu. Siehe Seite 262.

5

6

7

Weitere Krankheiten und Schädlinge:
Blattflecken siehe Seite 35
Blattälchen siehe Seite 71
Schildläuse siehe Seite 23

Filices, Farne: Adiantum, Asplenium, Blechnum, Nephrolepis, Polystichum, Pteris

Die Pflanzen sind langsam an höhere Lichtintensitäten zu gewöhnen. Die Temperaturen sollten nachts 16–18 °C nicht unterschreiten. Erhöhte Luftfeuchte ist bei guter Luftzirkulation positiv, stagnierende Luft führt bei hoher Feuchte leicht zur Entwicklung von Pilzkrankheiten und zur Ausbreitung von Blattälchen. Das humose Substrat sollte einen geringen Salzgehalt (max. 1g/l) und einen pH-Wert je nach Pflanzengattung von 4,5–5,5 aufweisen.

Nichtparasitäres Braunwerden der Blattfiedern

Zunächst entstehen braune Strichelungen, später werden besonders bei *Adiantum* einzelne Blattfiedern braun und vertrocknen [1].

Große Temperaturschwankungen vermeiden, im Winter möglichst 15 °C halten, Bodenreaktion bei pH 5,5–6,0 einstellen, nicht zu stark düngen, nicht mit kaltem Wasser gießen, keine Staunässe entstehen lassen.

Tomatenbronzeflecken-Virus (tomato spotted wilt virus)

Unregelmäßige braune Flecken auf Fiederblättern, teilweise vom Blattrand ausgehend [2].

Kranke Pflanzen entfernen, Bestände mit Blautafeln auf Thripsbefall, der das Virus verbreitet, überwachen.

Schildläuse (Coccidae)

Auf den Blättern helle Saugstellen der Läuse. Unter den braunen Schilden entwickeln sich viele grüne Jungtiere, die sich entlang der Blattadern festsetzen und später braun verfärben [3]. Bei starkem Befall entsteht auf den Blättern eine klebrige Honigtauschicht, auf der sich Rußtaupilze ansiedeln und die Blätter schwarz verschmutzen.

Blätter mit einem Wattebausch mit Salatöl vorsichtig abreiben oder Pflanzen wiederholt mit mineralölhaltigen Präparaten (z. B. Para-Sommer oder Promanal) spritzen. Unter dem Ölfilm ersticken die Läuse. (Nicht zu oft wiederholen, Vorsicht bei direkter Sonneneinstrahlung.)

3

Blattälchen (*Aphelenchoides fragariae*)

Blattgewebe zwischen den Adern gelblich bis braun verfärbt [4]. Die Verfärbungen sind von den Adern scharf begrenzt. In handwarmem Wasser verlassen die 1 mm langen Nematoden das Blattgewebe und sind auf einer dunklen Unterlage leicht erkennbar.

Befallene Wedel entfernen. Pflanzen gut abtrocknen lassen. Bildung von Niederschlag vermeiden.

4

Schnecken (*Deroceras laeve* u. a.)

Zunächst Schabe- und Fensterfraß der kleinen, dunkelbraunen Farnschnecke, später entstehen Löcher im Blatt [5].

Feuchtigkeit im Bestand verringern, bei Einzelpflanzen Schnecken absammeln, je nach Befallsstärke können

5

Schneckenkorn, Schneckenband oder Schneckenstaub eingesetzt werden.

Weitere Krankheiten und Schädlinge:
Blattläuse siehe Seite 61
Spinnmilben siehe Seite 15

Hibiscus, Eibisch

Die nährstoffbedürftigen Pflanzen lieben ein humusreiches Substrat mit einem pH-Wert von 6,0–6,5. Die Temperatur sollte 18–20 °C betragen, aber auch 30 °C werden bei entsprechender Luft- und Ballenfeuchte vertragen. Im Winter kann die Temperatur bis 16 °C abgesenkt werden. Die Pflanzen haben hohen Lichtbedarf.

Tomatenbronzeflecken-Virus (tomato spotted wilt virus)
🔍 Blattgewebe unregelmäßig aufgehellt, mit kleinen Läsionen, Blattfläche teilweise verhärtet und verkrüppelt [1].
☂ Kranke Pflanzen entfernen, Bestände mit Blautafeln überwachen. Das Virus wird durch Thripse verbreitet.

Gelbfleckigkeit (hibiscus chlorotic ringspot virus)
🔍 Auf den Blättern entstehen gelbe, oft ringförmige Aufhellungen [2].
☂ Kein Vermehrungsmaterial von kranken Pflanzen entnehmen. Stark befallene Pflanzen beseitigen. Siehe Seite 256.

Weiße Fliege, Mottenschildläuse (*Trialeurodes vaporariorum*, *Bemisia tabaci*)
🔍 Auf den Blattunterseiten 2–3 mm große Mottenschildläuse mit weißen

Flügeln 3 und ungeflügelten hellgelben Larvenstadien. Die Flügel stehen bei *Bemisia* steiler dachförmig über dem Hinterleib als bei *Trialeurodes*. Bei stärkerem Befall vergilben die Blätter. Es entsteht ein klebriger Honigtaubelag.
☂ Siehe Seite 262.

Weitere Krankheiten und Schädlinge:
Stängelgrundfäule siehe Seite 39
Blattläuse siehe Seite 61
Schild- und Schmierläuse siehe Seiten 23, 27
Spinnmilben siehe Seite 15

Hippeastrum, Amaryllis

Die Lufttemperatur sollte nicht unter 16 °C liegen, die Bodentemperatur für eine gute Wurzelentwicklung nicht unter 20 °C sinken. Das Substrat, ein Torf-Ton-Gemisch oder eine Komposterde, sollte einen pH-Wert von 6,0–7,5 haben.

Roter Brenner
(Pilz: *Stagonospora curtisii* 4, Weichhautmilbe: *Steneotarsonemus laticeps* 5)
🔍 Auf Zwiebelschalen, Blütenschäften und Blättern karminrote, schwielige Flecken. Blütenschäfte stocken im Wachstum und verkrümmen sich 4 5.
☂ Befallene Zwiebeln beseitigen. Befallsgefährdete Zwiebeln einer Warmwasserbehandlung bei 46 °C über zwei Stunden unterziehen. Die Temperatur muss dabei exakt eingehalten werden.

Weitere Krankheiten und Schädlinge:
Große Narzissenfliege
Schmierläuse siehe Seite 27

4

5

Hydrangea, Hortensie

Es werden torf-lehmhaltige Erden bevorzugt. Der pH-Wert ist bei blauen Sorten auf 3,5–4,5, bei roten Sorten auf 5,5–6,5 einzustellen. Die Temperatur ist entsprechend dem Entwicklungsstadium der Pflanzen einzustellen. Zur Knospenausreife im Herbst wird die Temperatur von 18 °C auf 16 °C gesenkt, ehe die Pflanzen bei 5 °C überwintert werden können.

Ringfleckigkeit (hydrangea ringspot virus)

🔍 Blätter mit ringförmigen Aufhellungen, teilweise deformiert [1], Blütenbildung verringert.

☂ Mutterpflanzen sorgfältig selektieren. Siehe Seite 256.

Tomatenbronzeflecken-Virus (tomato spotted wilt virus)

🔍 Blattgewebe unregelmäßig aufgehellt, mit kleinen Läsionen, Blattfläche teilweise verhärtet und verkrüppelt [2].

☂ Kranke Pflanzen entfernen, Bestände mit Blautafeln überwachen. Das Virus wird durch Thripse verbreitet.

Blütenvergrünung (Phytoplasmen)

🔍 Blüten sind vergrünt, oftmals klein, einzeln stehend, auch der gesamte Blütenstand kann betroffen sein.

☂ Strenge Mutterpflanzenselektion vornehmen.

Blattfleckenkrankheit (*Phyllosticta hydrangeae*)

🔍 Dunkle, runde Blattflecken mit brauner Mitte. Das geschädigte Blattgewebe reißt bei weiterem Wachstum des Blattes auf [3].

☂ Für rasches Abtrocknen der Pflanzen sorgen. Durch den Einsatz von Kupferpräparaten ist eine Ausbreitung der Krankheit zu stoppen. Besonders effektiv ist Kupferhydroxid, es hinterlässt aber einen starken Spritzbelag.

Blattflecken (*Septoria hydrangeae*)

🔍 Auf den Blättern unregelmäßig verteilte, braune Flecken mit rotem Rand [4].

☂ Für ein rasches Abtrocknen der Blätter sorgen. Besonders gefährdet sind die Pflanzen in den Monaten Juni bis August. Bei Befallsgefahr Pflanzenbestände mit Kupferpräparaten, Dithane NeoTec oder Pilzfrei Saprol behandeln.

Echter Mehltau (*Microsphaera polonica*)

🔍 Auf den Blättern entstehen zunächst gelbgrüne, später rötlich-braune, scharf begrenzte Flecken. Blattunterseits entwickelt sich auf den Flecken ein spärlicher, weißlich-grauer bis violetter Pilzbelag [5].

☂ Die Pflanzen sind besonders bei Taunächten im Sommer und während der Treiberei gefährdet. In Gewächshäusern kann vorbeugend Schwefel verdampft werden. Bei Befall sind Spritzbehandlungen vorzunehmen. Siehe Seite 257.

Stängelälchen (*Ditylenchus dipsaci*)

🔍 Der Stängel ist verdickt, verkrümmt und brüchig [6]. Die Blätter sind oft kleiner und verkrüppelt.

☂ Kranke Pflanzenteile entfernen. Mutterpflanzen sorgfältig selektieren.

4

5

6

Weitere Krankheiten und Schädlinge:
Botrytis-Grauschimmel siehe Seite 19
Blattläuse siehe Seite 61
Blattwanzen siehe Seite 75
Spinnmilben siehe Seite 15
Weichhautmilben siehe Seite 16

Kalanchoë, Flammendes Käthchen

Die Pflanzen sollten hell und luftig kultiviert werden. Je nach Sorte setzen die Pflanzen bei Tageslängen unter 11 bis 12,5 Stunden Knospen an. Die Temperatur sollte im Sommer 18–25 °C betragen und im Winter 15–16 °C nicht unterschreiten. Der optimale pH-Wert des torfhaltigen Substrates liegt zwischen 5,5 und 6,5. Zu niedrige Temperaturen und starke Schwankungen von Luft- und Bodenfeuchte können Korkwucherungen, korkartige Auftreibungen auf Blättern, Stängeln und Blüten, zur Folge haben.

Blattringflecken (kalanchoë top spotting virus)
Ringförmige Aufhellungen des Blattgewebes 1. Das Wachstum der Pflanzen ist gehemmt.
Siehe Seite 256.

Gewebeanomalien (kalanchoë virus)
Junges Blattgewebe aufgehellt. Ältere Blätter verhärtet, aufgewölbt und verkrüppelt 2.
Siehe Seite 256.

Blütenvergrünung (Phytoplasmen)
Blütenblätter kleiner und vergrünt 3.
Siehe Seite 256.

Weichhautmilben (Tarsonemidae)
🔎 An Blatt- und Blütenstielen entstehen grindig braune Verkorkungen 4. Das Blattgewebe verhärtet und verkrüppelt, die Blätter bleiben kleiner, die Blattränder sind oftmals nach unten gebogen. Die Entwicklung der 0,3 mm großen, glasig weißen Milben ist unter feuchtwarmen Bedingungen begünstigt.
☂ Mutterpflanzen sind ständig auf Befall zu kontrollieren. Zur chemischen Bekämpfung siehe Seite 262.

Weitere Krankheiten und Schädlinge:
Echter Mehltau siehe Seite 58
Botrytis-Grauschimmel siehe Seite 19
Myrothecium siehe Seite 13
Phytophthora siehe Seite 58
Blattläuse siehe Seite 61
Schmierläuse siehe Seite 27

4

Lantana camara, Wandelröschen

Am wichtigsten ist ein sonniger Standort. Wandelröschen bevorzugen lange, heiße Sommer. Überschüssiges Gießwasser sollte gut ablaufen können.

Weiße Fliege (*Trialeurodes vaporariorum, Bemisia tabaci*)
🔎 Blattunterseits gelbgrüne Larven und weiß geflügelte adulte Fliegen 5.
☂ Pflanzen an windoffenen Standorten halten. Siehe Seite 262.

5

1

2

3

Mandevilla sanderi, Syn. Dipladenia sanderi

Mandevilla bevorzugt sonnige, warme und windgeschützte Standorte. Zu viel Wasser führt zu schwacher Blüte, Staunässe ist in jedem Fall zu vermeiden. Der hohe Nährstoffbedarf ist durch regelmäßige flüssige Nachdüngung bereitzustellen. Ab August sollte nicht mehr gedüngt werden, da *Mandevilla* als Zimmerpflanze überwintert werden muss und bereits im August in eine Art Ruhephase eintritt. Die tropischen Pflanzen vertragen keinerlei Frost und müssen ab September ins Haus geholt werden. Das ideale Winterquartier ist ein Wintergarten mit Temperaturen über 10 °C. Temperaturen über 15 °C führen zu schwacher Blüte im Folgejahr.

Triebsterben und Blattfall

🔍 Zu nasser, wurzelkalter Standort und zu niedrige Temperaturführung haben Triebsterben, Vergilben des Laubes und Blattfall zur Folge [1]. Oftmals treten parallel die Schaderreger *Phytophthora*, *Botrytis*, *Fusarium* oder *Phoma* auf.

☂ Kulturbedingungen verbessern. Siehe Seite 9.

Bakterieller Blattfall (*Pseudomonas savastanoi*)

🔍 Chlorotische Blätter, darauf schwarze Flecken, Triebspitzen und Triebe verfärben sich schwarz [2].

☂ Kranke Pflanzen entfernen. Siehe Seiten 9, 256.

Weichhautmilben

Triebspitzen sind deformiert und trocknen ein [3].

Befallene Pflanzenteile entfernen. Siehe Seite 262.

Orchideen

Das Substrat sollte grobfaserig und humos sein. Die Pflanzen sind salzempfindlich, optimal sind Salzgehalte unter 0,7 g/l und ein pH-Wert je nach Gattung von 5,0–6,0.

Virosen (Odontoglossum-Ringfleckenvirus und Cymbidien-Mosaikvirus) **an Cattleya**

Im Blatt- und Blütengewebe unregelmäßige braune Flecken [4].

Kranke Pflanzen entfernen.

Blattflecken (Rhabdo-Viren)

Zunächst gelbe, später braune, langgezogene Flecken im Blatt [5].

Siehe Seite 256.

Tomatenbronzeflecken-Virus (tomato spotted wilt virus) **an Phalaenopsis**

Kümmerwuchs, Blattfläche zum Teil deformiert und verhärtet. Im Blattgewebe unregelmäßige braune Flecken [6].

Kranke Pflanzen entfernen, Bestände mit Blautafeln überwachen. Das Virus wird durch Thripse verbreitet.

Basalfäule (*Fusarium sacchari* var. *elongatum*) **an Odontoglossum**

Der Basalbulbus fault unter weißlicher Verfärbung [7].

Kranke Pflanzen entfernen.

4

5

6

7

1

2

3

Fusarium-Stängelfäule (*Fusarium oxysporum*)

Einzelne Blätter werden fahlgrün bis gelb. Am Wurzelhals entsteht ein weißlich-rosa Myzelpolster [1].

Die Sporen werden durch Spritzwasser leicht verbreitet. Unter feuchtwarmen Bedingungen entwickelt sich der Pilz sehr rasch.

Zur Bekämpfung des Pilzes stehen keine ausreichend wirksamen Pflanzenschutzmittel zur Verfügung. Der Kulturhygiene, insbesondere der Verwendung sauberer Kulturgefäße und krankheitsfreier Erden kommt daher besondere Bedeutung zu. Siehe Seite 8 f.

Blattflecken (*Colletotrichum gloeosporioides*)

Auf den Blättern dunkelbraune, eingesunkene Blattflecken [2], gelegentlich infolge einer Schädigung, z. B. durch Kälte.

Kranke Pflanzenteile entfernen. Den übrigen Bestand möglichst trocken kultivieren.

Blattflecken (*Selenophoma* sp.) **an Masdevallia**

Kleine schwarzbraune Blattflecken, Vergilbung befallener Blätter [3].

Kranke Pflanzenteile entfernen. Für rasches Abtrocknen der Pflanzen sorgen.

Grauschimmel (*Botrytis cinerea*)

Die Pockenbildung auf Blüten kann in einer Nacht entstehen [4]. Das Gewebe wird wässrig und weichfaul, bei hoher Luftfeuchte entsteht ein grauer Sporenrasen.

☂ Alte Blätter und abgestorbenes Pflanzengewebe aus dem Bestand entfernen. Besonders in den Wintermonaten möglichst trocken kultivieren, Luftfeuchte durch reichliches Lüften herabsetzen, Taubildung in der Nacht vermeiden.

Weitere Krankheiten und Schädlinge:

Bakteriosen (*Erwinia*- oder *Pseudomonas*-Arten) treten gelegentlich mit fahler Blattverfärbung und Faulstellen an allen Orchideen auf (Bekämpfung siehe Seite 256)

Phytophthora-Fäule siehe Seite 58

Pythium-Wurzelfäule siehe Seite 14

Rhizoctonia-Stängelgrundfäule siehe Seite 40

Schildläuse siehe Seite 23

Schnecken siehe Seite 45

Spinnmilben und Thripse siehe Seiten 15, 16

Wanzen und Gallmücken siehe Seiten 97, 98

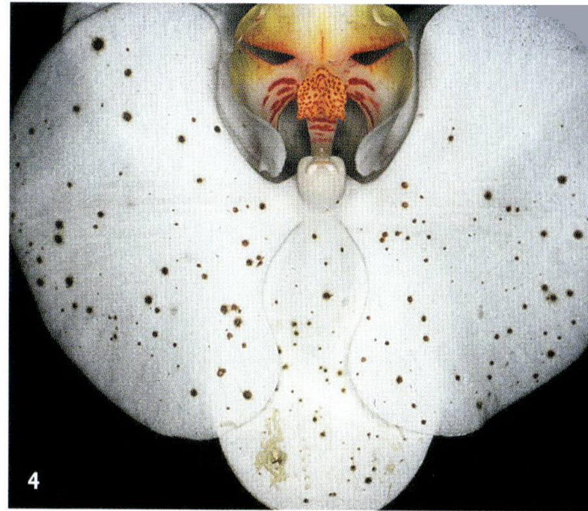
4

5

Palmen: Chamaedorea, Howeia, Lytocaryum, Phoenix

Das lehmige strukturstabile Substrat sollte einen pH-Wert von 5,5–6,5 aufweisen. Reine Torfkultursubstrate sind ungeeignet. Der Wurzelballen darf nicht austrocknen, auf regelmäßige Wasserversorgung achten. Nach entsprechender Abhärtung können die Pflanzen bei 10 °C überwintert werden, kurzfristig werden auch 4 °C vertragen.

Gliocladium-Triebsterben an Kentia (*Gliocladium vermoeseni*)

🔍 Am Stängelgrund entstehen braune Faulstellen, darauf entwickelt sich ein weißer Sporenbelag 5. Befallene Triebe welken und sterben ab.

☂ Siehe *Fusarium*-Triebsterben.

Fusarium-Triebsterben (*Fusarium* sp.)

🔍 Einzelne Triebe werden fahlgrün, welken und sterben ab. Die Wurzeln sind gesund, die Stammbasis fault, darauf

entwickelt sich bei ausreichender Feuchtigkeit ein rötlicher Pilzbelag [1].
☂ Kranke Pflanzen entfernen, Werkzeuge und Kulturgefäße desinfizieren, mit keimfreiem Wasser gießen.

Blattflecken (*Coniothyrium* sp., *Graphiola* sp., *Exosporium* sp.)
⚲ Zunächst helle kleine, später braune Blattflecken mit aufgewölbtem Rand, von gelber Aufhellung umgeben. Die Flecken sind unregelmäßig verteilt, sie fließen später ineinander [2].
☂ Hohe Luftfeuchte und Blattbenetzung vermeiden. Stark befallene Pflanzenteile entfernen. Zur chemischen Bekämpfung siehe Seite 257.

Thripse (Thysanoptera)
⚲ Blattpartien sind unregelmäßig weißlich-gelb verfärbt [3]. Dunkle Kotttröpfchen, besonders blattunterseits, sind typisch für den Thripsbefall.
Die kleinen schlanken, gelblich bis braunen Tiere halten sich überwiegend blattunterseits auf. Niedrige Luftfeuchte und hohe Temperatur fördern den Befall. Die Früherkennung eines Befalls ist mit Blautafeln möglich.
☂ Der rechtzeitigen Bekämpfung der Thripse kommt wegen der Gefahr der Übertragung von Virosen besondere Bedeutung zu. Siehe Seite 262.

Weitere Krankheiten und Schädlinge:
Schildläuse siehe Seite 23
Spinnmilben siehe Seite 15

Saintpaulia, Usambaraveilchen

Die Pflanzen sollten nicht der direkten Sonneneinstrahlung ausgesetzt werden. Hohe Lichtintensität ist jedoch für einen guten Knospenansatz erforderlich. Bei einer Temperatur von 20–24 °C und einer Luftfeuchte von 70–95 % gedeihen die Pflanzen sehr gut. Das durchlässige humose Substrat hat einen optimalen pH-Wert von 6,0–7,0. Die Gießwassertemperatur sollte maximal 5 °C unter der Lufttemperatur liegen.

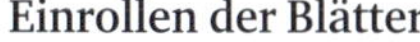

Einrollen der Blätter

Blätter durch zu niedrigen pH-Wert des Substrates vom Blattrand her nach oben eingerollt [4].

Lichtmangel

Blätter sind aufgehellt und kleiner, Blattrand oft nach oben gebogen, Blattstiele verlängert [5].

Wasserflecken

Helle, meist eingesunkene, kreisförmige Blattflecken [6].
Ursache: Gießen mit zu kaltem Wasser oder bei zu starker Sonneneinstrahlung.

Tomatenbronzeflecken-Virus (tomato spotted wilt virus)

Kümmerwuchs, Blattfläche zum Teil deformiert. Im Blattgewebe zunächst nur bei Gegenlichtbetrachtung, später braune Eichenblattmuster [7].
Kranke Pflanzen entfernen, Bestände mit Blautafeln überwachen. Das Virus wird durch Thripse verbreitet.

Bakterielle Welke (*Erwinia chrysanthemi*)

Die Wüchsigkeit befallener Pflanzen lässt nach, sie werden stumpfgrau und welken. Blattstiele faulen vom Blattgrund ausgehend 1.

Kranke Pflanzen entfernen. Siehe Seite 256.

Stammgrund- und Wurzelhalsfäule (*Phytophthora nicotianae* var. *parasitica*, *P. cryptogea*)

Blätter sind stumpfgrau, Pflanzen welken 2, Wurzeln und Wurzelhals faulen. Die Fäulnis schreitet vom Stammgrund in die Blattspreite fort.

Kranke Pflanzen beseitigen, übrige Pflanzen mit Aliette WG gießen. Siehe Seite 258. Möglichst trocken kultivieren.

Echter Mehltau (*Oidium* sp.)

Mehlartiger Belag auf Blüten und Blättern 3.

Stark schwankende Temperaturen und Zugluft vermeiden. In Gewächshäusern kann vorbeugend Schwefel verdampft werden. Zur chemischen Bekämpfung siehe Seite 257.

Weichhautmilben (Tarsonemidae)

Die jüngsten Blätter sind stark behaart. Das Blattgewebe verhärtet und verkrüppelt, die Blätter bleiben kleiner und werden brüchig. Bei starkem Befall sind die Blüten fleckig und missgebildet 4.

Die Entwicklung der 0,3 mm großen, glasig weißen Milben ist unter feuchtwarmen Bedingungen begünstigt.

Mutterpflanzen sind ständig auf Befall zu kontrollieren. Zur chemischen Bekämpfung siehe Seite 262.

Kalifornischer Thrips (*Frankliniella occidentalis*)

Junge Blätter deformiert, Vegetationskegel verkrüppelt [5]. Blüten mit Stippen, von Blütenstaub verschmutzt [6], Blütenränder verbräunt. In den Blüten, besonders in den Staubgefäßen starke Vermehrung der Thripse.

Bestände sind mit Blautafeln auf Befall zu kontrollieren. Die Kontrolle ist bei Jungpflanzen besonders wichtig, da wenige Tiere zu Verkrüppelungen führen. In blühenden Beständen ist ein Befall nicht mehr zu eliminieren (siehe Seite 262).

Weitere Krankheiten und Schädlinge:

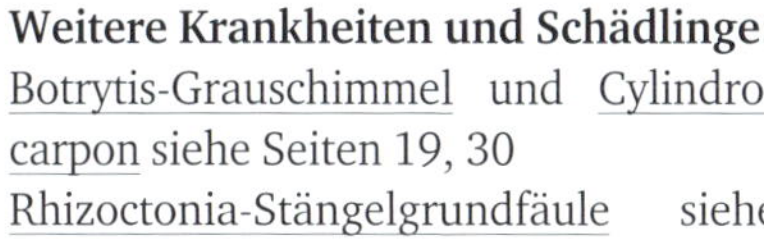

Botrytis-Grauschimmel und Cylindrocarpon siehe Seiten 19, 30
Rhizoctonia-Stängelgrundfäule siehe Seite 40
Blattälchen und Blattläuse siehe Seiten 71, 61

Senecio, Kreuzkraut, Greiskraut

Die Blütenbildung der Pflanzen erfolgt nach einer Kühlperiode von drei bis sechs Wochen bei 6–12 °C, danach ist eine Temperatur von 15–18 °C einzustellen. Die Überwinterung der Pflanzen kann bei Temperaturen von 6–8 °C erfolgen. Bei 0 °C entstehen Schäden. Der pH-Wert des Torf-Kompost-Gemisches beträgt 6,0–7,0.

Viröse Blattflecken (Tomatenbronzeflecken-Virus)

Blattaufhellungen, Adern oft schwärzlich [7]. Blätter rollen sich, welken und sterben ab.

Das Virus wird durch Thripse und auch mit dem Samen übertragen. Siehe Seiten 256, 262.

Stängelgrund- und Wurzelhalsfäule (*Phytophthora cinnamomi*, *P. cryptogea*)

Pflanzen welken, Wurzeln und Wurzelhals faulen. Die Fäulnis schreitet in den Stängelgrund fort, die unteren Blätter verbräunen [1].

Kranke Pflanzen beseitigen, übrige Pflanzen mit einem Fungizid gießen. Siehe Seite 258. Möglichst trocken kultivieren.

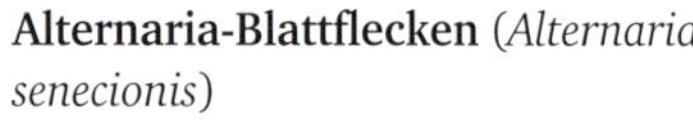

Alternaria-Blattflecken (*Alternaria senecionis*)

Von den Adern begrenzte unregelmäßig verteilte braune Flecken mit dunklem Rand [2]. Später gehen die Flecken ineinander über.

Kranke Pflanzenteile beseitigen, Luftfeuchte niedrig halten, Blätter nicht zu oft befeuchten. Zur chemischen Bekämpfung siehe Seite 257.

4

5

Falscher Mehltau (*Bremia lactucae*)
Von den Blattadern scharf begrenzte helle Flecken 3, blattunterseits ein schmutzig weißer Sporenbelag.
Luftfeuchte kontrollieren, nachts die Taupunkttemperatur nicht unterschreiten, häufiges Befeuchten der Blätter vermeiden. Kranke Pflanzenteile möglichst entfernen. Bei beginnendem Befall wiederholt spritzen. Siehe Seite 258.

Blattadernminierfliege
(*Liriomyza huidobrensis*, *Phytomyza atricornis*)
Helle, geschlängelte Gangminen, bei *Liriomyza* oft entlang der Blattadern 4.
Befallene Blätter beseitigen, Gelbtafeln zur Überwachung des Bestandes aufhängen. Bei Befall muss die Gattung bestimmt werden.

Blattläuse (Aphididae)
Blätter kräuseln und vergilben, bei starkem Befall klebriger Honigtau auf den Blättern 5.
Einzelpflanzen mit Wasser abbrausen, biologische Pflanzenschutzmaßnahmen und chemische Bekämpfung siehe Seite 259.

Weitere Krankheiten und Schädlinge:
Echter Mehltau siehe Seite 58
Ascochyta-Blattfleckenkrankheit
Coleosporium-Rost

Sinningia, Gloxinie siehe Saintpaulia

Soleirolia, Bubikopf

Die anspruchslosen Pflanzen sollten in nicht zu saurer Erde kultiviert werden. Niederschlag in den Pflanzen ist durch gute Belüftung zu vermeiden, da *Botrytis* und *Rhizoctonia* zu totalem Zusammenbruch der Pflanzen führen können.

Weitere Krankheiten und Schädlinge:
Botrytis-Grauschimmel und Rhizoctonia-Stängelgrundfäule siehe Seiten 19, 39
Weiße Fliege siehe Seite 41

Spathiphyllum, Einblatt

Pflanzen benötigen einen hellen Standort. Bei Lichtmangel entstehen lange Blatt- und Blütenstiele, zu hohe Lichtintensität führt zu Blattaufhellungen. Das schwach aufgedüngte, humose Substrat sollte einen pH-Wert von 4,0–5,0 haben.

Stammgrundfäule (*Cylindrocladium spathiphylli*)
🔎 Einzelne Blätter werden gelb und sterben ab [1]. Die Pflanze fault oft einseitig vom Stammgrund ausgehend und stirbt ab. Die Wurzeln sind anfangs noch weiß.
☂ Strenge Hygiene während der Pflanzenvermehrung einhalten, keine infizierten Kultureinrichtungen ohne Desinfektion wiederverwenden.

Wurzelfäule (*Pythium splendens*)
🔎 Die Blätter werden fahlgrün und stumpf. Sie welken und vergilben. Die Wurzeln sind weichfaul [2]. Die Wurzelrinde lässt sich vom Zentralzylinder abziehen, sodass „Wurzelbärte" verbleiben.
Die begeißelten Sporen des Pilzes benötigen zur Ausbreitung eine hohe Bodenfeuchte. Sauerstoffmangel im Boden begünstigt den Befall.
☂ Möglichst trocken kultivieren, seltener, aber durchdringend gießen. Substrate mit grober Struktur verwenden.

Wurzelhalsfäule (*Phytophthora* sp.)
🔎 Von innen nach außen fortschreitende Fäulnis des Pflanzenherzes [3].
☂ Kranke Pflanzen beseitigen, übrige Pflanzen mit einem Fungizid gießen. Siehe Seite 258. Möglichst trocken kultivieren.

Weitere Krankheiten und Schädlinge:
Bananentriebbohrer siehe Seite 36
Spinnmilben siehe Seite 15

Yucca, Palmlilie

Das Substrat mit Lehmanteil sollte einen pH-Wert von 5,0–6,5 aufweisen. Zu hohe Salzgehalte und zu hoch konzentrierte Düngerlösungen können braune Blattspitzen zur Folge haben.

Gelbscheckung (Virose)
🔍 Blätter, insbesondere die Blattspitzen mit gelben Scheckungen 4.
☂ Kranke Pflanzen beseitigen, Blattläuse bekämpfen, da sie das Virus übertragen. Siehe Seite 256.

Blattfleckenkrankheit (*Coniothyrium concentricum*)
🔍 Zunächst kleine braune Blattflecken mit aufgewölbtem Rand, von gelber Aufhellung umgeben. Die Flecken sind unregelmäßig verteilt, sie fließen später ineinander (siehe Bild 2 Seite 56).
☂ Hohe Luftfeuchte und Blattbenetzung vermeiden. Stark befallene Pflanzenteile entfernen. Zur chemischen Bekämpfung siehe Seite 257.

Gallmilben (*Cecidophyopsis hendersonii*)
🔍 Das Blattgewebe ist aufgehellt, bei Vergrößerung werden die weißlichen, walzenförmigen Milben erkennbar. Bei starkem Befall verbräunen die Blattränder 5.
☂ Stark befallene Pflanzenteile entfernen. Einzelpflanzen von Zeit zu Zeit einem leichten Regen aussetzen oder ab-

3

4

5

brausen. Sofern die Pflanzen nicht der direkten Sonneneinstrahlung ausgesetzt sind, ist eine Behandlung mit einem mineralölhaltigen Pflanzenschutzmittel möglich.

Schildläuse (Coccidae)

🔍 Auf den Blättern helle Saugstellen der Läuse. Unter den braunen Schilden entwickeln sich viele grüne Jungtiere, die sich entlang der Blattadern festsetzen und später braun verfärben 2. Bei starkem Befall entsteht auf den Blättern eine klebrige Honigtauschicht, auf der sich Rußtaupilze ansiedeln und die Blätter schwarz verschmutzen.

☂ Stark befallene Blätter entfernen. Blätter mit einem Wattebausch mit Salatöl vorsichtig abreiben oder Pflanzen wiederholt mit mineralölhaltigen Präparaten (z. B. Para-Sommer oder Promanal) spritzen. Unter dem Ölfilm ersticken die Läuse. (Nicht zu oft wiederholen, Vorsicht bei direkter Sonneneinstrahlung.)

Thripse (*Taeniothrips* sp.)

🔍 Blattpartien sind unregelmäßig weißlich-gelb verfärbt. Dunkle Kottröpfchen, besonders blattunterseits sind typisch für den Thripsbefall 3.

Die kleinen schlanken, gelblich bis braunen Tiere halten sich überwiegend blattunterseits auf. Niedrige Luftfeuchte und hohe Temperatur fördern den Befall. Die Früherkennung eines Befalls ist mit Blautafeln möglich.

Weitere Krankheiten und Schädlinge:

Blattläuse siehe Seite 61

Zantedeschia, Calla

Die nährstoffbedürftigen Pflanzen wachsen bei 15–18 °C und einem pH-Wert von 5,5–6,5 in durchlässigen Substraten.

Gelbfleckigkeit und Gelbstreifigkeit (Virus)

🔎 Blüten missgebildet, Blätter verdreht, helle, teils ringförmige Flecken, Blütenstiele mit heller Strichelung 4.

☂ Das Virus wird von Thripsen verbreitet. Kontrolle der Thripse mit Blautafeln vornehmen und rechtzeitig bekämpfen, siehe Seiten 256, 262.

Bakterielle Nassfäule (*Erwinia carotovorum*)

🔎 Blatt- und Blütenstiele werden an der Erdoberfläche nassfaul und knicken um 5. Die Wurzeln sind nassfaul, auf den Knollen eingesunkene braune Flecken.

☂ Knollen sorgfältig kontrollieren. Nur gesunde Knollen pflanzen. Kranke Pflanzen umgehend aus dem Bestand entfernen. Siehe Seite 256.

3

Weitere Krankheiten und Schädlinge:

Blattläuse siehe Seite 61
Spinnmilben siehe Seite 15

4

5

Krankheiten und Schädlinge an Beetpflanzen, Sommerblumen und Stauden

Aconitum, Eisenhut

Die Pflanzen benötigen einen gut mit Nährstoffen versorgten, humosen Boden in sonniger bis halbsonniger Lage. Der pH-Wert sollte im Bereich von 6,0–7,5 liegen. Jungpflanzen sollten zunächst nur mäßig gedüngt werden.

1

2

Streifen- und Bandmosaik-Virus
🔎 Auf den Blättern hellgrüne Streifen und Bänder [1], die später verbräunen.
☂ Befallene Pflanzen beseitigen, Blattläuse übertragen das Virus. Siehe Seite 256.

Echter Mehltau (*Erysiphe polygoni*)
🔎 Auf den Blattober- und Blattunterseiten sowie an den Blattstielen entsteht ein mehlig weißer Belag. Auch die Blüten werden befallen. Unter dem Belag ist das Gewebe braun verfärbt. Vergleiche Bild 3 auf Seite 58.
☂ Zur chemischen Bekämpfung siehe Seite 257.

Weitere Krankheiten und Schädlinge:
Eisenhut-Goldeule

Ajuga reptans, Kriechender Günsel

Ajuga bevorzugt nährstoffreiche, lehmig-humose, feuchte Standorte ohne Staunässe im Halbschatten.

Phytophthora-Stängelgrundfäule
🔎 Pflanzen mit schwarzem, bei jungen Pflanzen auch weichfaulem Stängelgrund, die Verfärbung zieht in die Blattstiele hinein [2].
☂ Befallene Pflanzen entsorgen. Bei Beständen die noch nicht erkrankten

Pflanzen mit einem Fungizid gießen (siehe Seite 258).

Phoma-Welke (*Phoma ajugae*)
⚲ Pflanzen welken partiell, Stängelgrund trocken-faul [3].
☂ Befallene Pflanzen umgehend entfernen. In Beständen noch nicht erkrankte Pflanzen durch Behandlungen mit den Wirkstoffen Prochloraz (Mirage/Sportak) oder Difenconazol (Score) vor einer weiteren Ausbreitung der Krankheit schützen.

Ramularia-Blattflecken
⚲ Grauweiße Blattflecken mit lilaschwarzem Rand. Größere Flecken reißen auf [4]. Wechselnde Blattfeuchte fördert den Befall.
☂ Bekämpfung siehe Seite 257.

Echter Mehltau
⚲ Zunächst nur Aufhellungen, später weißlich mehlige Blattflecken, siehe Bild 4 Seite 19, wechselnde Blattfeuchte bei zunehmenden Temperaturen fördern den Befall.
☂ Bekämpfung siehe Seite 257.

Althaea, Stockmalve

Stockrosen gedeihen auf nährstoffreichen, humosen, offenen, gelegentlich auch zur Austrocknung neigenden Böden in voller Sonne sehr gut. Der optimale pH-Wert liegt zwischen 5,0 und 6,0. Besonders geeignete Standorte sind Rabatten vor Hauswänden.

Rostkrankheit (*Puccinia malvacearum*)
Auf den Blättern eingesunkene, helle Flecken, blattunterseits weißlich-gelbe, später braune Rostpusteln (siehe Bild 5 Seite 67).
Die Pilzsporen werden durch die Luft verbreitet.
Kranke Blätter rechtzeitig entfernen. Zur chemischen Bekämpfung siehe Seite 257.

Spinnmilben (*Tetranychus urticae*)
Auf Blättern weißgelbe Sprenkel, später flächige Aufhellungen und Vertrocknen der Blätter 1. Die 0,2–0,5 mm großen Milben leben blattunterseits im Schutz zarter Gespinste.
Hohe Temperaturen und trockene Luft fördern den Befall. Zur Bekämpfung siehe Seite 261.

Weitere Krankheiten und Schädlinge:
Malvenflohkäfer

1

2

Alyssum, Steinkraut

Kalkhaltige, steinige und durchlässige Böden auf warmen, trockenen Plätzen in voller Sonne stellen den idealen Standort für das Steinkraut dar. Geeignet sind Mauerkronen, Fugen und Kiesflächen an Plattenwegen oder in Trögen, in denen die Pflanzen gut gedeihen.

Weißer Rost (*Albugo candida*)
Zunächst braungrüne Flecken auf den Blattoberseiten, blattunterseits entstehen im weiteren Krankheitsverlauf weißlich-gelbe Warzen 2.
Kranke Pflanzenteile entfernen und die übrigen Pflanzen durch eine Spritzbehandlung vor weiterer Ausbreitung der Krankheit schützen. Für eine gute Belichtung sorgen, zu hohe Luftfeuchte durch zu eng stehenden Pflanzenbestand vermeiden.

Weitere Krankheiten und Schädlinge:
Falscher Mehltau siehe Seite 151 Bild 6.

Anemone, Anemone

3

Bevorzugte Standorte der Anemonen sind in lichtem Schatten von Gehölzen und Mauern, in wechselsonniger Lage vor Gehölzen. Der Boden sollte humos und gut mit Nährstoffen versorgt sein. Ein pH-Wert von 6–7 ist optimal.

Viren (Tobacco rattle virus, TRV)
Unregelmäßige chlorotische Blattmuster [3], das Virus wird überwiegend mechanisch von Pflanze zu Pflanze verbreitet. Es kann zum Beispiel auch an Tulpen, Hyazinthen, Lilien oder Narzissen vorkommen.
Befallene Pflanzen entfernen. Siehe Seite 256.

4

Knollenfäule (*Sclerotinia tuberosa*)
Pflanzen sterben nesterweise ab, Wurzelhals nassfaul. Bei fortgeschrittener Krankheit entstehen schwarze Dauerkörper (Sklerotien) des Pilzes im Boden.
Befallene Pflanzen vorsichtig mit der umgebenden Erde entfernen.

Kräuselkrankheit (*Colletotrichum acutatum*)
Der Pilz verursacht Wachstumsdepressionen, Wuchsanomalien und Blattkräuselungen, junge Pflanzenteile wachsen nicht oder verändert [4]. Dadurch entstehen Trichterpflanzen. Das Gewebe junger Pflanzenteile ist oftmals eingeschnürt, eingetrocknet oder auch verbräunt. Mitunter kommt es nur zu dunkelgrauen Blattflecken, oft mit gelbem Rand.
Jungpflanzen auf Befall prüfen.

Falscher Mehltau (*Plasmopara pygmaea*)
Blattoberseits bleiche Stellen, blattunterseits ein schmutzig weißer Sporenbelag.
In Kulturräumen Luftfeuchte kontrollieren, nachts die Taupunkttemperatur nicht unterschreiten, häufiges Befeuchten der Blätter vermeiden. Bei ausgepflanzten Beständen für gute Belüftung der Pflanzen sorgen.
Kranke Pflanzenteile möglichst entfernen. In Beständen bei beginnendem Be-

fall mit einem Pflanzenschutzmittel spritzen. Siehe Seite 258.

Grauschimmel (*Botrytis cinerea*)

🔍 Das Gewebe wird wässrig und weichfaul, bei hoher Luftfeuchte entsteht ein grauer Sporenrasen [1]. Besonders im Herbst und im Frühjahr, wenn nach Frostperioden feuchtwarme Witterung einsetzt.

☂ Alte Blätter und abgestorbenes Pflanzengewebe aus dem Bestand entfernen. In den Wintermonaten in Kulturräumen trocken kultivieren, Luftfeuchte herabsetzen, Taupunkttemperatur in der Nacht nicht unterschreiten. Zur chemischen Bekämpfung siehe Seite 258.

Blattläuse (Aphididae)

🔍 Blätter kräuseln und vergilben, bei starkem Befall klebriger Honigtau auf den Blättern [2].

☂ Einzelkolonien der Läuse abschneiden und entfernen, biologische Pflanzenschutzmaßnahmen ergreifen (siehe Seite 263). Chemische Bekämpfung ebenfalls siehe Seite 259.

Blattadernminierfliege (*Liriomyza huidobrensis*)

🔍 An den Blättern zunächst viele kleine, gelbe Einstichstellen, später helle Miniergänge in den Blättern. Die dunkelbraunen Puppen der Fliege liegen auf den Blättern und fallen in den Boden [3].

☂ Jungpflanzen beim Kauf sorgfältig auf Befall kontrollieren. Befallene Blätter rechtzeitig entfernen, ehe sich Puppen entwickeln. In geschlossenen Kulturräumen ist eine sehr effektive Bekämpfung mit Schlupfwespen (*Dacnusa*, *Diglyphus*) möglich.

Blattälchen (*Aphelenchoides* spp., *Ditylenchus* spp.)

Es bilden sich unregelmäßige Blattaufhellungen und Gewebeverkrüppelungen, bei *Aphelenchoides* von den Blattadern scharf begrenzte Blattflecken 4.

Befallene Pflanzenteile entfernen. Die Älchen verbreiten sich im Blattfeuchtefilm oder mit Spritzwasser. Für ein rasches Abtrocknen der Pflanzen sorgen.

Weitere Krankheiten und Schädlinge:

Blattläuse und Thripse siehe Seiten 61, 16
Weiße Fliege siehe Seite 41/42

4

Antirrhinum, Löwenmäulchen

Auf humosen, nährstoffreichen Böden bei pH-Werten von 6–7 gedeihen die Löwenmäulchen sehr gut. Es sollten helle, aber windgeschützte Standorte gewählt werden, damit die Pflanzen nicht umfallen. Bei Jungpflanzen sollte die Düngung mäßig beginnen.

Falscher Mehltau (*Peronospora antirrhini*)

Blattoberseits bleiche Stellen, blattunterseits ein weißlich bis bräunlicher Sporenbelag 5.

In Kulturräumen Luftfeuchte kontrollieren, nachts die Taupunkttemperatur nicht unterschreiten, häufiges Befeuchten der Blätter vermeiden. Bei ausgepflanzten Beständen für gute Belüftung der Pflanzen sorgen.
Kranke Pflanzenteile möglichst entfernen. In Beständen bei beginnendem Befall mit einem Pflanzenschutzmittel spritzen. Siehe Seite 258.

5

1

2

Rostkrankheit (*Puccinia antirrhini*)

Auf den Blättern eingesunkene, helle Flecken, blattunterseits gelbe, später braune Rostpusteln [1]. Blätter welken und sterben ab.

Die Pilzsporen werden durch die Luft verbreitet.

Untere kranke Blätter rechtzeitig entfernen. Zur chemischen Bekämpfung siehe Seite 257.

Weitere Krankheiten und Schädlinge:

Echter Mehltau siehe Seite 19
Phyllosticta-Blatt- und Stängelflecken siehe Seite 35
Pythium-Wurzelfäule siehe Seite 14
Rhizoctonia-Stängelgrundfäule siehe Seite 40

Arabis, Gänsekresse

Die Pflanzen bevorzugen nährstoffreiche, durchlässige, trockene Böden in voller Sonne, aber auch im Halbschatten. Die kalkhaltigen Standorte haben einen optimalen pH-Wert von 6–7. Geeignet sind Mauerkronen, Fugen und Kiesflächen.

Falscher Mehltau (*Peronospora parasitica*)

Blattoberseits bleiche Stellen, Blätter nach unten gekrümmt. Blattunterseits ein schmutzig weißer Sporenbelag [2]. Befallene Stängel sind verdickt und gekrümmt.

Kranke Pflanzenteile möglichst entfernen. In Beständen bei beginnendem Befall mit einem Pflanzenschutzmittel spritzen. Siehe Seite 258. Die Zulassung sieht Spritzbehandlungen nicht vor, Probespritzungen vornehmen!

Weißer Rost (*Albugo candida*)

Zunächst bleiche, später braune bis violette Flecken auf den Blattoberseiten, blattunterseits schwielenartige, weißlich-gelbe Warzen [3]. Pflanzen werden missfarbig und gehen ein.

Kranke Pflanzenteile entfernen und die übrigen Pflanzen mit Fosetyl (Spezial-Pilzfrei Aliette) behandeln. Für eine gute Belichtung sorgen, zu hohe Luftfeuchte durch zu eng stehenden Pflanzenbestand vermeiden.

Triebspitzengallmücken (*Dasyneura alpestris*)

🔎 An den Triebenden bilden die Blätter eine lose Knospengalle. Junge Blätter sind löffelförmig gekrümmt, eng stehend und stark behaart.

☂ Gallen sorgfältig abkneifen und vernichten.

Weitere Krankheiten und Schädlinge:

Phytophthora-Welke siehe Seite 58
Blattälchen siehe Seite 71

Arenaria, Sandkraut

Arenaria bevorzugt mäßig feuchte, sandige, nährstoffarme Böden ohne Staunässe in sonniger Lage.

Phytophthora-Welke

🔎 Befallene Pflanzen verfärben sich fahlgrün und beginnen zu welken [4]. Die Wurzeln befallener Pflanzen sehen anfangs noch gesund aus. Im weiteren Verlauf sterben die Pflanzen ab.

☂ Befallene Pflanzen entsorgen, übrige gesund erscheinende Pflanzen mit einem Fungizid behandeln (siehe Seite 258).

3

4

5

Symptom des impatiens necrotic spotted virus (INSV)

Aster, Callistephus, (Sommer-)Aster

Bevorzugt werden kalkhaltige, nährstoffreiche, humose Böden in voller Sonne. Die verschiedenen Arten können aber auch auf trockeneren Standorten kultiviert werden.

Virosen

An Astern kommen mehrere Virosen vor, die Blattaufhellungen, Vergilbungen von Blattadern und Blättern sowie gestauchten Wuchs zur Folge haben (siehe Bild 5 Seite 73).

Kranke Pflanzen entfernen. Die Übertragung der Krankheit erfolgt häufig durch Zikaden. Siehe Seite 256.

Asternwelke (*Fusarium oxysporum* f. sp. *callistephi)*

Die Blätter welken und vergilben zunächst einseitig, später bricht die Pflanze zusammen 1. Die Leitungsbahnen sind von der Wurzel zu den Blättern fortschreitend braun verfärbt, im Querschnitt deutlich erkennbar.

Der Pilz entwickelt sich bei hohen Temperaturen und niedrigen pH-Werten besonders gut. Resistente Sorten verwenden. Astern erst nach fünf bis sechs Jahren auf gleicher Fläche nachpflanzen.

Echter Mehltau (*Erysiphe cichoracearum*)

Auf den Blattober- und Blattunterseiten sowie auch an den Blattstielen entsteht ein mehlig weißer Belag 2. Unter dem Belag ist das Gewebe braun verfärbt.

Zur chemischen Bekämpfung siehe Seite 257.

Blattläuse (Aphididae)

Blätter kräuseln und vergilben, Triebspitzen verkümmern und verkrüppeln [3]. Bei starkem Befall klebriger Honigtau auf den Blättern.

Einzelkolonien der Läuse abschneiden und entfernen, biologische Pflanzenschutzmaßnahmen ergreifen, siehe Seite 263. Chemische Bekämpfung ebenfalls siehe Seite 259.

Blattwanzen (*Lygus* spp.)

Zunächst kleine gelbe, später braune Saugstellen an den Blättern. Bei weiterem Wachstum der Blätter entstehen Löcher, Blattkräuselungen und Triebspitzenverkrüppelungen [4]. Siehe auch Bild [8] Seite 97.

Chemische Maßnahmen sind nur bei starkem Befall in Erwerbsanlagen erforderlich. Sie können mit Kaliseife (Neudosan) oder Präparaten, die Pyrethrum bzw. Piperonylbutoxid enthalten, vorgenommen werden, und zwar morgens, solange die Tiere aufgrund niedriger Temperaturen noch flugunfähig sind.

Schnecken

Schabe- und Fensterfraß, es entstehen Löcher im Blatt [5].

Feuchtigkeit im Bestand verringern, bei Einzelpflanzen Schnecken absammeln (möglichst nachts). Je nach Befallsstärke können Schneckenkorn, Schneckenband oder Schneckenstaub eingesetzt werden. Siehe auch Seite 261.

4

5

Weitere Krankheiten und Schädlinge:
Verticillium-Welke, Blattälchen, Blattläuse, Spinnmilben und Thripse siehe Seiten 71, 61, 15, 16
Erdraupen siehe Seite 145 Bild [5]
Weichhautmilben siehe Seite 144

Azaleen siehe Rhododendron

1

2

3

Bacopa, Kleines Fettblatt

Die Pflanzen benötigen einen hellen Standort auf Balkon oder Terrasse sowie gleichmäßige Wasser- und Nährstoffversorgung.

Botrytis-Triebsterben (*Botrytis cinerea*)

🔍 Untere Triebteile werden graugrün bis schwarz und sind von grauem Schimmelbelag überzogen [1].

☂ Für rasches Abtrocknen der Pflanzen und gute Belüftung der Pflanzenteile sorgen. In Kulturräumen besonders nachts die Taupunkttemperatur nicht unterschreiten und damit die Taubildung vermeiden.

Bellis, Gänseblümchen

Die Pflanzen bevorzugen einen lehmighumosen Gartenboden in voller Sonne. Bis zur Keimung sollten die Aussaaten schattig stehen. Die jungen Pflanzen sind dem Licht vorsichtig anzupassen.

Tomatenbronzeflecken-Virus (tomato spotted wilt virus)

🔍 Blattgewebe unregelmäßig aufgehellt, mit kleinen Läsionen, Blattfläche teilweise verhärtet und verkrüppelt [2]. Blütenkörbchen unregelmäßig geformt, wirkt „zerzaust" [3].

☂ Kranke Pflanzen entfernen, Bestände in Kulturräumen mit Blautafeln überwachen. Das Virus wird durch den Thrips *Frankliniella occidentalis* verbreitet.

Echter Mehltau (*Oidium* sp.)

🔎 Auf den Blattober- und Blattunterseiten sowie auch an den Stielen entsteht ein mehlig weißer Belag [4]. Unter dem Belag ist das Gewebe braun verfärbt.

☂ Zur chemischen Bekämpfung siehe Seite 257.

4

Entyloma-Blattflecken

🔎 Helle, pergamentartige Blattflecken, die sich rasch ausbreiten und die gesamte Pflanze befallen [5].

☂ Für rasches Abtrocknen der Pflanzen sorgen. Durchlässige Böden wählen. In Kulturräumen bei beginnendem Befall Rovral einsetzen.

Grauschimmel (*Botrytis cinerea*)

🔎 Das Gewebe wird wässrig und weichfaul, bei hoher Luftfeuchte entsteht ein grauer Sporenrasen (siehe Bild [1] Seite 78). Besonders im Herbst und im Frühjahr, wenn nach Frostperioden feuchtwarme Witterung einsetzt.

☂ Alte Blätter und abgestorbenes Pflanzengewebe aus dem Bestand entfernen. In den Wintermonaten in Kulturräumen trocken kultivieren, Luftfeuchte herabsetzen, Taupunkttemperatur in der Nacht nicht unterschreiten. Zur chemischen Bekämpfung siehe Seite 258.

5

Rostkrankheit (*Puccinia perennis*)

🔎 Auf den Blättern eingesunkene, helle Flecken, besonders blattunterseits weißlich-gelbe, später braune Rostpusteln (siehe Bild [2] Seite 78). Die Pilzsporen werden durch die Luft verbreitet.

☂ Kranke Blätter rechtzeitig entfernen. Zur chemischen Bekämpfung siehe Seite 257.

1

2

3

Spinnmilben (*Tetranychus urticae*)

Auf Blättern weißgelbe Sprenkel, später flächige Aufhellungen und Vertrocknen der Blätter [3]. Die 0,2–0,5 mm großen Milben leben blattunterseits im Schutz zarter Gespinste.

Hohe Temperaturen und trockene Luft fördern den Befall. Zur Bekämpfung siehe Seite 261.

Raupen

An den Blättern Lochfraß, oftmals schwarzer Kot der Raupen auf den Blättern.

Pflanzen besonders abends kontrollieren und Raupen absammeln. In größeren Beständen kann der Einsatz von Pflanzenschutzmitteln erforderlich werden. Siehe Seite 260.

Weitere Krankheiten und Schädlinge:

Thripse siehe Seite 15

Erdraupen siehe Seite 145 Bild [5]

Bergenia cordifolia, Altai-Bergenie

Die Standortansprüche von Bergenien sind gering. Abgeblühte Rispen und verwelkte Blätter sollten vor dem Austrieb mit einer scharfen Schere am besten direkt über dem Boden abgeschnitten werden.

Colletotrichum-Blattflecken

(*Colletotrichum lillacola*)

Blattdeformationen sowie lila-schwarze Blattflecken fließen im Krankheitsverlauf großflächig zusammen, schwarze Flecken auch an den Blattstielen [4].

Kranke Pflanzenteile entfernen, der Pilz kann im kranken Gewebe überwintern. Ein Schutz der gesunden Pflanzenteile ist mit Fungiziden möglich (siehe Seite 257).

Bidens, Zweizahn

Kulturgefäße vor der Pflanzung gründlich reinigen. Für guten Wasserablauf sorgen, damit keine Staunässe in den Gefäßen auftreten kann. Möglichst ungebrauchtes Substrat verwenden, mit reichlichen Anteilen an Torf und Ton, damit die Struktur der Erde erhalten bleibt.

Echter Mehltau (*Oidium* sp.)

Besonders bei *Bidens*. Auf den Blattober- und -unterseiten sowie auch an den Blattstielen entsteht ein mehlig weißer Belag, siehe Bild 5. Unter dem Belag ist das Gewebe braun verfärbt. Teilweise werden auch die Blüten befallen.

Zur chemischen Bekämpfung siehe auch Seite 257.

Grauschimmel (*Botrytis cinerea*)

Das Gewebe wird wässrig und weichfaul, bei hoher Luftfeuchte entsteht ein grauer Sporenrasen, siehe Bild 5 Seite 19. Tritt besonders im Herbst und Frühjahr auf, wenn nach Frostperioden feuchtwarme Witterung einsetzt.

Alte Blätter und abgestorbenes Pflanzengewebe aus dem Bestand entfernen. In den Wintermonaten in Kulturräumen trocken kultivieren, Luftfeuchte herabsetzen, nachts die Kondensation der Luftfeuchte an den Blättern vermeiden (Taupunkttemperatur nicht unterschreiten).

4

5

Zur chemischen Bekämpfung siehe Seite 258.

Blattadernminierfliege (*Liriomyza huidobrensis*)

An den Blättern zunächst viele kleine gelbe Einstichstellen, später helle Miniergänge in den Blättern, siehe Bild 4 Seite 61. Die dunkelbraunen Puppen der Fliege liegen auf den Blättern und fallen zu Boden.

Jungpflanzen beim Kauf sorgfältig auf Befall kontrollieren. Befallene Blätter

rechtzeitig entfernen, ehe sich Puppen entwickeln. In geschlossenen Kulturräumen ist eine sehr effektive Bekämpfung mit Schlupfwespen (*Dacnusa*, *Diglyphus*) möglich.

Blumenzwiebeln: Hyacinthus, Lilium, Narcissus, Tulipa

Der für Blumenzwiebeln geeignete Boden ist durchlässig und möglichst sandig und hat einen pH-Wert zwischen 6,0–6,5. Staunässe ist unbedingt zu vermeiden, sie führt, wie auch unverrottete Pflanzenreste, zur Fäulnis der Zwiebeln. Verblühte Blütenstände sollten nach Möglichkeit entfernt und die Pflanzen zur Bildung neuer Zwiebeln entsprechend gedüngt werden. Die Pflanzung ist durch feinmaschigen Draht oder ähnliche Vorkehrungen vor Mäusen zu schützen.
Zwiebeln nach Empfang kühl, luftig und trocken, nicht zu dicht und vor Sonne geschützt lagern. Zu hohe Lagertemperatur führt zur Verzögerung oder zum Sitzenbleiben der Blüte.

Nichtparasitäre Schäden

Bei **Hyazinthen** wird das Abstoßen des Blütenstandes [1], Abtrocknen oder Vertrocknen einzelner Blüten, grüne Blüten, abgeplattete Blütenstiele sowie glasige Stellen am Blütenboden und Verkalkungen der Zwiebeln beschrieben.
Bei **Lilien** treten deformierte, geplatzte oder gerissene Blütenkelche, das Eintrocknen und Abwerfen der Blütenknospen, kurze Blütenschäfte und Spitzen-

bräune der Blätter als Folge nichtparasitärer Ursachen auf.
Bei **Narzissen** werden das Steckenbleiben der Blüte und taube Knospen als nichtparasitäre Schadsymptome genannt.
Bei **Tulpen** können die Verkalkung der Zwiebel, Gummifluss oder Korkflecken, das Steckenbleiben des Sprosses, Umknicken des Stängels, weiße oder grüne Blütenblattspitzen sowie die Papierblütigkeit nichtparasitäre Ursachen haben.
Die Temperaturführung während der Präparierung, des Transportes, der Lagerung sowie während der Kultur sind häufig die Ursachen der genannten Schäden.

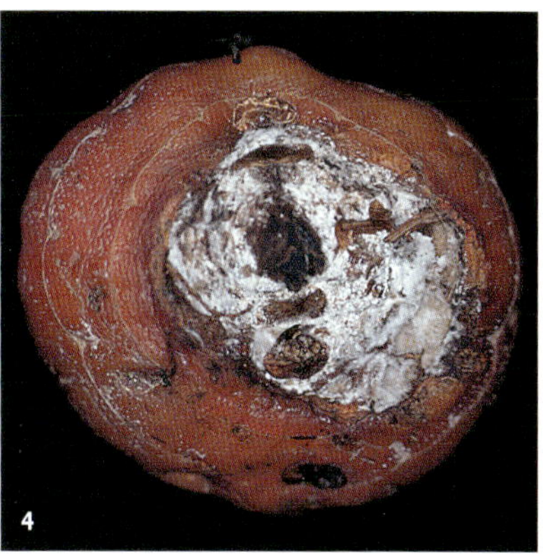

Virosen

An Blumenzwiebeln kommen eine Reihe von Virosen vor, die Blattaufhellungen, Vergilbungen von Blattadern und Blättern, Verbräunungen, mosaikartige Flecken an Blättern und Blüten sowie Verkrüppelungen und gestauchten Wuchs zur Folge haben [2].
Kranke Pflanzen entfernen. Die Übertragung der Krankheit erfolgt häufig durch Insekten. Siehe Seite 256.

Gelber Rotz (*Xanthomonas hyacinthi*)

Dunkle, wässrige Streifen in den Blättern, Blattspitzen welken. Vom Zwiebelboden ausgehende Fäule der inneren Zwiebelschuppen [3].
Zwiebeln beim Empfang auf Befall kontrollieren. Befallene Zwiebeln entfernen.

Weißer Rotz (*Erwinia carotovora*)

Blattspitzen vergilben, Blatt- und Blütenstielgrund ist schleimig verfault.
Die Infektion erfolgt über Verletzungen der Zwiebel im Boden.

Fusarium-Zwiebelgrundfäule (*Fusarium oxysporum*)

Die äußeren Zwiebelschalen weisen hellbraune Flecken auf, die später trocken und hart werden. Auf den Flecken entwickelt sich ein weiß-rötlicher Sporenbelag. Der Zwiebelboden wird rissig [4]. Befallene Tulpenzwiebeln riechen säuerlich-fruchtig. Bei Hyazinthen und

Narzissen entsteht auch eine Weichfäule der Zwiebel ohne äußere Symptome. Im weiteren Krankheitsverlauf geht die Fäulnis auf die Wurzeln über. Erkrankte Pflanzen welken.

Zwiebeln sorgfältig kontrollieren, befallene Zwiebeln aussortieren. Im Erwerbsanbau wird zur vorbeugenden Bekämpfung eine Tauchbehandlung empfohlen.

Pythium-Wurzelfäule
(*Pythium ultimum* u. a.)

Die Blätter werden fahlgrün und stumpf. Sie welken und vergilben. Die Wurzel ist weichfaul. Die Wurzelrinde lässt sich vom Zentralzylinder abziehen, sodass „Wurzelbärte" verbleiben. Bei Tulpen tritt in der Folge Papierblütigkeit und bei starkem Befall eine Weichfäule der Zwiebel von innen auf 1.
Die begeißelten Sporen des Pilzes benötigen zur Ausbreitung eine hohe Bodenfeuchte. Sauerstoffmangel im Boden begünstigt den Befall.

Möglichst trocken kultivieren, seltener, aber durchdringend gießen. Substrate mit grober Struktur verwenden.

Penicillium-Fäule (*Penicillium corymbiferum*)

Kleine, gelb-braune Flecken am Wurzelansatz, vom Zwiebelboden ausgehende Fäule. Unter den Hüllblättern der Zwiebeln entsteht ein blaugrauer Schimmelbelag 2.

Zwiebeln sorgfältig kontrollieren, befallene Zwiebeln aussortieren. Im Erwerbsanbau wird zur vorbeugenden Bekämpfung eine Tauchbehandlung empfohlen.

Graufäule (*Sclerotium* sp.)

Zwiebeln innen rötlich-grau verfärbt. Am Zwiebelhals braune Faulstellen mit weißem Myzel 3, darin schwarze Dauerkörper.

Blatt- und Zwiebelerkrankung (*Stagonospora curtisii*)

An Narzissen und Amaryllis tritt der Pilz auf. Er verursacht rötlich braune Flecken an der Blattspitze, später auch auf der Blattspreite 4. Auf den Zwiebeln sind dunkelbraune, fettfleckenähnliche Faulstellen.

Eine Bekämpfung ist meist nicht erforderlich. Kranke Zwiebeln sollten jedoch entfernt werden.

Sclerotinia-Blatt-/Blütenflecken, Zwiebel- und Triebfäulen (*Sclerotinia* sp.)

Blattgrund und Zwiebeln schwarzgrau verfärbt und weichfaul. Watteartiges Pilzmyzel zwischen den Zwiebelschuppen, darin schwarze Dauerkörper (Sklerotien) des Pilzes 5. Bei Narzissen auch kleine, wässrige, später hellbraune Flecken auf Blüten- und Kelchblättern.

Befallene Zwiebeln mit anhaftender Erde sorgfältig entfernen.

Grauschimmel (*Botrytis* sp.)

Die Blattspitzen welken und trocknen ein, bei hoher Luftfeuchte entsteht auf den Blättern ein grauer Schimmelbelag. Auf den Zwiebelschuppen sind hellbraune Flecken, darauf entsteht ein hellbraunes Myzel. Bei Tulpen verkrüppeln die Triebe, die Blätter weisen Risse, Löcher und violette Verfärbungen auf. Die Krankheit kann sich rasch ausbreiten und auch die Blüten befallen 6.

4

5

6

1

2

3

☂ Kranke Pflanzenteile entfernen. In Beständen kann bei beginnendem Befall Teldor eingesetzt werden.

Rhizoctonia-Fäulen an Blattspitzen und am Blütenstand (*Rhizoctonia solani*)

🔎 Blattspitzen mit gelbbraunen eingesunkenen Flecken, Fäulen an den obersten Blüten des Blütenstandes [1].

☂ Kranke Pflanzenteile entfernen.

Ringelkrankheit (*Ditylenchus dipsaci*)

🔎 Bei starkem Befall wird am Zwiebelboden eine weiße Nematodenwolle sichtbar. Blätter meist verkrüppelt, verdreht und verkürzt. Später gelbe bis braune, längliche Flecken im Blatt. Der Blütenstand ist oft gedrungen und weist nur einen schwachen Blütenbesatz auf. Beim Querschnitt der Zwiebel werden ringförmige Verbräunungen sichtbar, die durch eine Trockenfäule befallener Zwiebelschuppen entstehen [2].

☂ Befallene Zwiebeln entfernen, Zwiebeln drei Wochen nach der Ernte einer Warmwasserbehandlung unterziehen.

Wurzelmilben (*Rhizoglyphus echinopus*)

🔎 Die Pflanzen sind im Wuchs gehemmt. Am Zwiebelboden und zwischen den Zwiebelschuppen entstehen braune Flecken. In dem braunen Fraßmehl leben die 0,7 mm großen, glasig weißen Milben [3].

☂ Befallene Zwiebeln entfernen, Zwiebeln drei Wochen nach der Ernte einer Warmwasserbehandlung unterziehen.

Narzissenmilbe (*Steneotarsonemus laticeps*)

Befallene Zwiebeln werden weich, ihr Austrieb ist kümmerlich und verbogen, die Blütenknospen öffnen sich nicht. Die Zwiebelschuppen weisen gelbbraune Stippen auf. Zwischen den Schuppen leben die glasig weißen, etwa 0,2 mm großen Weichhautmilben [4].

Befallene Zwiebeln aussortieren. Eine Bekämpfung ist durch eine Tauchbehandlung der Zwiebeln, zwei Stunden in 43,5 °C warmem Wasser, möglich.

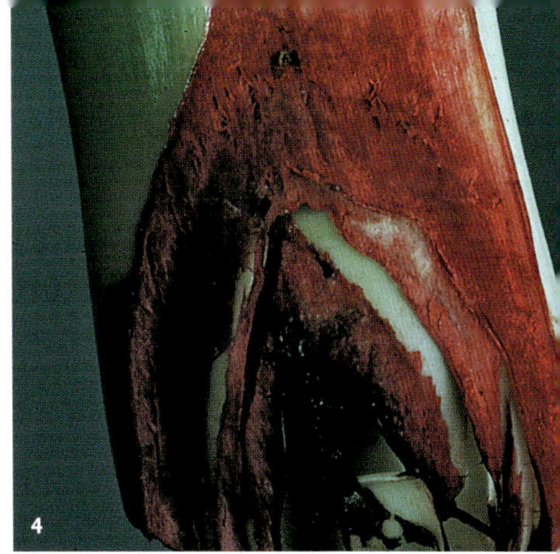

Blattläuse (Aphididae)

Junge Sprosse werden von den Zwiebeln ausgehend besiedelt. Besonders schädlich sind die Läuse an eingelagerten Zwiebeln. In der Blüte richten sie nur noch geringen Schaden an.

Die Pflanzen sind vor der Knospenentwicklung zu kontrollieren. Eine Bekämpfung ist bei Befall der Zwiebel und sofern die Blüten geerntet werden erforderlich.

Lilienhähnchen (*Lilioceris lilii*)

An Lilien und Kaiserkronen treten im März/April leuchtend rote, etwa 7 mm große Käfer [5] mit dunklen Beinen und schwarzem Kopf auf. Die Käfer schädigen durch Lochfraß im Blatt. Ab Anfang Mai entwickeln sich die Larven, sie verursachen Fensterfraß, später Loch- und Blattrandfraß. Pro Jahr entwickeln sich zwei, gelegentlich auch drei Generationen.

Eine Bekämpfung der Käfer ist in der Regel nicht erforderlich. Bei leichtem Befall sind Blätter mit Eigelegen auf der Blattunterseite abzusammeln.

Brachyscome iberidifolia, Blaues Gänseblümchen

Kulturgefäße vor der Pflanzung gründlich reinigen. Für guten Wasserablauf sorgen, damit keine Staunässe in den Gefäßen auftreten kann. Möglichst ungebrauchtes Substrat verwenden, mit reichlichen Anteilen an Torf und Ton, damit die Struktur der Erde erhalten bleibt.

1

2

3

Virosen (Tospoviren, z. B. TSW-V; Mottle-Viren)

🔍 An den Pflanzen kommen mehrere Virosen vor, die Blattaufhellungen, Vergilbungen von Blattadern und Blättern, Verbräunungen, mosaikartige Aufhellungen, Wuchsdepressionen, gestauchten Wuchs, Wuchsanomalien, Blütenvergrünungen oder Blütenfarbbrechungen zur Folge haben [1].

☂ Kranke Pflanzen entfernen. Siehe auch Seite 256.

Grauschimmel (*Botrytis cinerea*)

🔍 Das Gewebe wird wässrig und weichfaul, bei hoher Luftfeuchte entsteht ein grauer Sporenrasen. Besonders im Herbst und im Frühjahr, wenn nach Frostperioden feuchtwarme Witterung einsetzt [2].

☂ Alte Blätter und abgestorbenes Pflanzengewebe aus dem Bestand entfernen. In den Wintermonaten in Kulturräumen trocken kultivieren, Luftfeuchte herabsetzen, nachts die Kondensation der Luftfeuchte an den Blättern vermeiden (Taupunkttemperatur nicht unterschreiten). Zur chemischen Bekämpfung siehe Seite 258.

Blütenthrips (*Frankliniella occidentalis*)

🔍 Junge Blätter deformiert, Vegetationskegel verkrüppelt. Blüten mit Stippen, Blütenränder verbräunt. In den Blüten, besonders in den Staubgefäßen, starke Vermehrung der Thripse [3].

☂ Befallene Pflanzenteile beseitigen. Bestände mit Blautafeln auf Befall kontrollieren. Die Kontrolle ist bei Jungpflanzen besonders wichtig, da bereits wenige Tiere zu Verkrüppelungen führen. Zur

Tilgung eines Befalls ist der frühe, wiederholte Einsatz von Insektiziden erforderlich (siehe Seite 262).

Calceolaria, Pantoffelblume

Die Pflanzen werden in schwach sauren, humosen, tonhaltigen Substraten von pH 5,5–6,5 kultiviert. Calceolarien sind empfindlich gegenüber Staunässe und übermäßiger Düngung, solange sie noch nicht durchgewurzelt sind. In Gewächshäusern und Wintergärten darf die Temperatur im Frühjahr nur langsam, entsprechend dem Lichtangebot erhöht werden.

Phytophthora-Stängelgrundfäule (*Phytophthora cactorum*)

Pflanzen welken. Vom Stängelgrund geht eine Fäulnis aus, die auch die unteren Blätter erfassen kann.

Kranke Pflanzen und anhaftende Erde großzügig beseitigen. Keine für *Phytophthora* anfälligen Pflanzen nachpflanzen. Für guten Wasserabzug des Bodens sorgen. In Beständen bei beginnendem Befall mit einem Pflanzenschutzmittel behandeln. Siehe Seite 258.

Blattläuse (Aphididae)

Blätter kräuseln und vergilben, bei starkem Befall klebriger Honigtau auf den Blättern [4].

Einzelkolonien der Läuse abschneiden und entfernen, biologische Pflanzenschutzmaßnahmen ergreifen, siehe Seite 263. Chemische Bekämpfung ebenfalls siehe Seite 259.

4

5

Blattälchen (*Aphelenchoides fragariae, A. ritzemabosi*)

Zunächst gelbe, später braune, eckige Blattflecken, von den Blattadern scharf begrenzt [5].

Die Nematoden leben im Blattgewebe, sie können sich bei häufiger Blattbenetzung auf dem Blatt und an der Pflanze rasch verbreiten.

Befallene Pflanzenteile entfernen und die Kulturführung trockener gestalten. Eine Blattbenetzung ist zu vermeiden.

1

2

3

Keine Pflanzenteile von kranken Pflanzen für Vermehrungen verwenden.

Weitere Krankheiten und Schädlinge:
Viruskrankheiten und Thripse siehe *Chrysanthemum*
Schnecken siehe Seite 45
Weiße Fliege siehe Seite 41/42

Calibrachoa-Hybriden, Zauberglöckchen

Kulturgefäße vor der Pflanzung gründlich reinigen. Für guten Wasserablauf sorgen, damit keine Staunässe in den Gefäßen auftreten kann. Möglichst ungebrauchtes Substrat verwenden mit reichlichen Anteilen an Torf und Ton, damit die Struktur der Erde erhalten bleibt.

Tobamoviren (Tabakmosaikvirus, Tomatenmosaikvirus)
🔎 Wuchsdepressionen, Blätter vergilben und sterben ab [1], bei sonnigem Wetter schnellerer Krankheitsverlauf.
☂ Kranke Pflanzen umgehend entfernen. Siehe Seite 256.

Phytophthora-Stängelgrundfäule
🔎 Pflanzen mit fahlgrünem Laub, plötzliche Welke [2], bei jungen Pflanzen auch weichfauler Stängelgrund, schwarz verfärbt, die Verfärbung zieht in die Blattstiele hinein.
☂ Befallene Pflanzen entsorgen. Bei Beständen die noch nicht erkrankten Pflanzen mit einem Fungizid gießen (siehe Seite 258).

Wurzelfäule (*Pythium* sp.)

Wurzeln weichfaul und dunkel verfärbt [3].

Pflanzen trockener kultivieren, Staunässe vermeiden.

Wurzelbräune (*Chalara elegans*, Syn. *Thielaviopsis basicola*)

Blätter vergilben, Wurzeln sind trocken-faul und braun verfärbt, Pflanzen sterben langsam ab [4].

Starke Schwankungen des Salzgehaltes im Boden vermeiden, gleichmäßige Wasserversorgung sicherstellen.

Grauschimmel (*Botrytis cinerea*)

Stängelgrund und Triebe sind grau verfärbt [5], bei hoher Luftfeuchtigkeit entsteht auf befallenen Pflanzenteilen ein grauer Schimmelbelag, der sich bei anhaltender Feuchte rasch ausbreitet.

Pflanzen nicht zu tief topfen, Luftfeuchte herabsetzen, für rasches Abtrocknen der Pflanzen sorgen, Pflanzen trockener kultivieren.

Blattläuse (*Aphididae*)

Blätter kräuseln und vergilben, Triebspitzen verkümmern und verkrüppeln. Bei starkem Befall klebriger Honigtau auf den Blättern [6].

Einzelkolonien der Läuse abschneiden und entfernen, biologische Pflanzenschutzmaßnahmen ergreifen (siehe Seite 263). Chemische Bekämpfung Seite 259.

4

5

6

Calluna, Besenheide siehe Erica

Canna indica, Westindisches Blumenrohr

Der Standort sollte sonnig und windgeschützt sein, erst wässern und düngen, wenn die Rhizome (Knollen) Blätter gebildet haben. Pflanzen vor dem ersten Frost bis zum Erdboden zurückschneiden. Im Freiland gepflanzte Knollen ausgraben, von der anhaftenden Erde befreien und in Erde in Kisten im Haus lagern. Der Winterstandort sollte kühl und frostfrei (5–10 °C) und die Erde nicht ausgetrocknet sein.

Blattflecken (Bean yellow mosaic virus)

Gestreifte Blätter durch Befall mit Potyviren 1. Sie werden mechanisch bei Kulturarbeiten, beim Teilen der Pflanzenrhizome oder durch Blattläuse übertragen.

Bekämpfung siehe Seite 256.

Bakterielle Blattnekrosen (*Acidovorax avaenae*, Syn. *Pseudomonas*)

Dunkelbraune Blattflecken mit ölig durchscheinendem Rand, sie laufen zusammen und bilden großflächige Blattnekrosen 2. Befallene Blätter sterben ab.

Pflanzen gut abtrocknen lassen, befallene Blätter umgehend entfernen (siehe Seite 256).

Carex conica, C. oshimensis, Ziergräser

Ein Rückschnitt der Pflanzen im Winter ist nicht erforderlich. Gräser in Pflanzgefäßen sollten an frostfreien Tagen gegossen werden. Seggen vertragen keinen Rindenmulch.

Nichtparasitäre Schäden

🔎 Blätter werden braun und sterben ab [3]. Das Symptom kann auch von *Fusarium* verursacht werden.

☂ Besonders nach der Pflanzung ist auf gleichmäßige Wasserversorgung zu achten, damit die Wurzelballen nicht austrocknen. Der Salzgehalt des Bodens sollte nicht zu hoch sein, Kompost mit Erde vermischen.

Blattbräune (*Fusarium* sp.)

🔎 Blätter vom Blattgrund ausgehend verbräunt, oftmals mit weißlich rötlichem Myzelbelag [4].

☂ Kranke Pflanzen entfernen.

Rost

🔎 Braune, von den Blattadern scharf begrenzte gelbe bis braune Flecken, blattunterseits braune Rostsporenlager [5].

☂ Kranke Pflanzenteile bei beginnendem Befall absammeln und entsorgen.

3

4

5

Schadbild des tomato spotted wilt virus (TSW-Virus)

Chrysanthemum, Chrysanthemen (inkl. Argyranthemum, Dendranthema, Leucanthemum, Tanacetum)

Nährstoffreiche, lehmige Böden mit einem pH-Wert von etwa 6,5 sind für Chrysanthemen ideal. Der Standort sollte sonnig sein und nicht zur Vernässung neigen.

Virosen

An Chrysanthemen kommen mehrere Virosen vor, die Blattaufhellungen, Vergilbungen von Blattadern und Blättern, Verbräunungen, Wachstumsanomalien, Blütenfarbveränderungen sowie Verkrüppelungen der Blüten zur Folge haben [1].

Kranke Pflanzen entfernen. Die Übertragung der Krankheit erfolgt häufig durch Zikaden. Siehe Seite 256.

Bakterielle Welke (*Erwinia chrysanthemi*)

Einzelne Pflanzen welken, der Stängel ist schwarz verfärbt, er lässt sich leicht zusammendrücken und reißt oftmals in Längsrichtung auf [2]. Die Leitungsbahnen sind braun verfärbt.

Die Krankheit tritt besonders bei gesteuerter Kultur unter Folie im Sommer auf.

Kranke Pflanzen umgehend beseitigen. Hohe Luftfeuchte bei hohen Temperaturen vermeiden.

Blatt- und Stängeltumore (*Agrobacterium tumefaciens*)

Tumore an Stängeln, seltener auch an Blättern.

Blättrige Gallen am Stängelgrund (*Rhodococcus fascians*)

Blumenkohlartige Auswüchse am Wurzelhals, fleischige Sprosse mit missgestalteten Blättern [3].

Tumore entfernen. Das Bakterium überdauert im Boden.

Bakterielle Blattfleckenkrankheit (*Pseudomonas syringae*)

Braunschwarze, sich rasch vergrößernde Blattflecken, die oft erst im Spätsommer oder im Herbst auftreten und bei feuchtwarmer Witterung noch starke Schäden verursachen können [4].

Kranke Pflanzenteile rasch entfernen.

Phoma-Wurzel- und Stängelgrundfäule (*Phoma chrysanthemicola*)

Blätter verfärben, vergilben und verbräunen von unten nach oben fortschreitend [5]. Der Stängelgrund wird rissig und brüchig. Die Wurzeln sterben unter rötlicher Verfärbung ab.

Befallene Pflanzen beseitigen, weniger anfällige Sorten auswählen. Auf befallenen Flächen keine Chrysanthemen mehr kultivieren.

Pythium-Stängelfäule (*Pythium ultimum*)

Die Pflanzen welken, der Stängelgrund verfärbt sich braun bis schwarz. Die Fäule geht auf den Blattgrund der unteren Blätter über [6]. Der Stängel ist innen braun verfärbt.

Befallene Pflanzen beseitigen, für guten Abzug des Wassers sorgen, Vernässung des Bodens vermeiden. Bestände bei beginnendem Befall mit einem

4

5

6

Pflanzenschutzmittel spritzen. Siehe Seite 258.

Phytophthora

Pflanzen mit schwarzem, bei jungen Pflanzen auch weichfaulem Stängelgrund, die Verfärbung zieht in die Blattstiele hinein [1].

Befallene Pflanzen entsorgen. Bei Beständen die noch nicht erkrankten Pflanzen mit einem Fungizid gießen (siehe Seite 258).

Sclerotinia-Stängelfäule (*Sclerotinia sclerotiorum*)

Pflanzen welken, an den Stängeln braune Flecken, im Stängel weißes, watteartiges Myzel, darin oft schwarze Dauerkörper (Sklerotien) [2].

Befallene Pflanzen entfernen.

Verticillium-Welke (*Verticillium albo-atrum*)

Zunächst einseitige Welke der Blätter. Blätter bleiben vertrocknet am Stängel hängen [3]. Die Gefäßbündel im Stängelquerschnitt sind braun verfärbt. Die Wurzeln sind gesund.

Befallene Pflanzen beseitigen. Keine für *Verticillium* anfälligen Pflanzen nachpflanzen.

Ascochyta-Krankheit (*Mycosphaerella ligulicola*)

Auf Blüten, Blättern und Stängeln entwickeln sich sehr rasch graubraune bis schwarze Faulstellen. Oberhalb der Faulstellen welkt die Pflanze. Befallene Pflanzen brechen rasch zusammen [4].

Jungpflanzen sorgfältig auf Befall kontrollieren. Befallene Pflanzen beseitigen.

Auf befallenen Flächen keine Chrysanthemen nachpflanzen.

Echter Mehltau (*Oidium chrysanthemi*)
Auf Blattober- und Blattunterseiten sowie auch an Blattstielen entsteht ein mehlig weißer Belag 5. Die Blätter verkrüppeln, die Knospen trocknen ein. Unter dem Belag ist das Gewebe braun verfärbt.
Zur chemischen Bekämpfung siehe Seite 257.

Falscher Mehltau (*Peronospora radii*)
Er tritt besonders bei *Argyranthemum* häufiger auf.
Blattoberseits bleiche Stellen, blattunterseits ein schmutzig weißer Sporenbelag 6.
In Kulturräumen Luftfeuchte kontrollieren, nachts die Taubildung verhindern, häufiges Befeuchten der Blätter vermeiden. Bei ausgepflanzten Beständen für gute Belüftung der Pflanzen sorgen.
Kranke Pflanzenteile möglichst entfernen. Zur chemischen Bekämpfung siehe Seite 259.

Grauschimmel (*Botrytis cinerea*)
Auf Blütenblättern zunächst kleine braune Punkte, mitunter geht die Fäule auch vom Blütenboden aus. Das Gewebe wird wässrig und weichfaul, bei hoher Luftfeuchte entsteht ein grauer Sporenrasen 7. Besonders im Herbst bei feuchtwarmer Witterung.
Alte Blätter und abgestorbenes Pflanzengewebe aus dem Bestand entfernen. Nicht so schattige Standorte wählen. In den Wintermonaten in Kulturräumen

4

5

6

7

1

2

3

4

trocken kultivieren, Luftfeuchte herabsetzen, Taupunkttemperatur in der Nacht nicht unterschreiten. Zur chemischen Bekämpfung siehe Seite 258.

Ramularia-Blattflecken (*Ramularia* sp.)
Hellgelbe bis bräunliche Blattflecken. Besonders bei *Argyranthemum* [1].
Befallene Blätter beseitigen. Für rasches Abtrocknen des Laubes sorgen.

Septoria-Blattfleckenkrankheit (*Septoria chrysanthemella*)
Auf den Blättern dunkelgrau-schwarze, scharf begrenzte runde Flecken [2].
Befallene Blätter entfernen, besonders großlaubige Sorten nicht zu eng pflanzen, größere Bestände bei Befallsgefahr in Schlechtwetterperioden mit Pflanzenschutzmittel behandeln. Siehe Seite 257.

Weißer Chrysanthemenrost (*Puccinia horiana*)
Blattoberseiten aufgewölbt mit hellen Flecken, blattunterseits weiße, wachsartige Sporenlager, sie sind kreisförmig angeordnet und färben sich zur Sporenreife zimtfarben [3].
Nicht zu dicht pflanzen. Befallene Blätter sowie die unteren Blätter der Pflanzen sofort entfernen, damit die Luftzirkulation im Pflanzenbestand verbessert wird. Etwaige erforderliche Pflanzenschutzmaßnahmen aufgrund zahlreicher Resistenzen direkt mit dem Pflanzenschutzdienst absprechen.

Spinnmilben (*Tetranychus urticae*)
Auf Blättern weißgelbe Sprenkel, später flächige Aufhellungen und Vertrocknen der Blätter. Die 0,2–0,5 mm großen

Milben leben blattunterseits im Schutz zarter Gespinste [4].

Hohe Temperaturen und trockene Luft fördern den Befall. Zur Bekämpfung siehe Seite 261.

Blattadernminierfliege (*Liriomyza huidobrensis*) [5]

An den Blättern zunächst viele kleine gelbe Einstichstellen, später helle Miniergänge in den Blättern [6]. Die dunkelbraunen Puppen der Fliege liegen auf den Blättern und fallen in den Boden.

Jungpflanzen beim Kauf sorgfältig auf Befall kontrollieren. Befallene Blätter rechtzeitig entfernen, ehe sich Puppen entwickeln. In geschlossenen Kulturräumen ist eine sehr effektive Bekämpfung mit Schlupfwespen (*Dacnusa*, *Diglyphus*) möglich.

Blattläuse (Aphididae)

Blätter kräuseln und vergilben, bei starkem Befall klebriger Honigtau auf den Blättern [7].

Einzelkolonien der Läuse abschneiden und entfernen, biologische Pflanzenschutzmaßnahmen ergreifen, siehe Seite 263. Chemische Bekämpfung ebenfalls siehe Seite 259.

Blattwanzen (*Lygus* spp.)

Auf den Blättern anfangs gelbe, später braune Flecken, die beim weiteren Wachstum des Blattes aufreißen [8]. Je nach Befallszeitpunkt ist das Blattgewebe durchlöchert.

Eine Bekämpfung ist nur bei starkem Befall in Beständen oder bei hohem Befallsdruck aus Wiesen erforderlich.

6

7

8

1

2

3

Sie kann mit Kaliseife (Neudosan) oder mit Präparaten, die Pyrethrum- bzw. Piperonylbutoxid enthalten, vorgenommen werden, und zwar morgens, solange die Tiere aufgrund niedriger Temperaturen noch flugunfähig sind.

Chrysanthemengallmücke (*Diarthronomynia chrysanthemi*)

🔎 Triebe und Blütenstände verkrüppeln bei starkem Befall. Auf Blättern und teils auch auf Stielen 2–3 mm lange, rundlich ovale, behaarte Gallen [1]. In den Gallen orangefarbene Larven.

☂ Befallene Pflanzenteile entfernen.

Kalifornischer Thrips (*Frankliniella occidentalis*)

🔎 Junge Blätter deformiert, Vegetationskegel verkrüppelt [2]. Blüten mit Stippen, Blütenränder verbräunt [3]. In den Blüten, besonders in den Staubgefäßen starke Vermehrung der Thripse.

☂ Befallene Pflanzenteile beseitigen. Bestände mit Blautafeln auf Befall kontrollieren. Die Kontrolle ist bei Jungpflanzen besonders wichtig, da bereits wenige Tiere zu Verkrüppelungen führen. Zur Tilgung eines Befalls ist der frühe, wiederholte Einsatz von Insektiziden erforderlich, siehe Seite 262.

Blattälchen (*Aphelenchoides* spp.)

🔎 An Blättern von unten nach oben fortschreitend gelbe, später braune, eckige Flecken, von den Adern scharf begrenzt [4]. Die Nematoden leben im Blattgewebe, sie können sich bei häufiger Blattbenetzung auf dem Blatt und an der Pflanze rasch verbreiten.

⛱ Befallene Pflanzenteile entfernen und die Kulturführung trockener gestalten. Eine Blattbenetzung ist zu vermeiden. Keine Pflanzenteile von kranken Pflanzen für Vermehrungen verwenden.

Weitere Krankheiten und Schädlinge:
Zwergfüßler siehe Seite 23 Bild 7

Coreopsis bipinnatus, Mädchenauge

Der Standort sollte nicht zu nass sein, aber auch nicht austrocknen mit durchlässigem Boden, damit es nicht zu Staunässe kommt. Durch eine Mulchdecke ist das Austrocknen des Bodens zu verhindern. Im Herbst oder Frühjahr werden die winterharten Stauden bis handbreit über den Boden abgeschnitten.

Bakterielle Blattflecken und Pflanzenfäule (*Pseudomonas syringae*)
🔍 Schwarze wässrige Blattflecken, oftmals auch gräulich eingetrocknet 5. Bei Befall der Blattbasis kann es zum Absterben der Pflanzen kommen.
⛱ Infizierte Pflanzen beseitigen. Bekämpfung siehe Seite 256.

Cuphea, Köcherblümchen

Der Standort sollte hell sein. *Cuphea* verträgt auch direkte Sonnenbestrahlung. Überwinterung: Während der Ruheperiode (November bis Februar bei 10–13 °C) sollte die Erde nicht austrocknen.

4

5

Grauschimmel (*Botrytis cinerea*)
🔍 Stängelgrund und Triebe sind grau verfärbt, bei hoher Luftfeuchtigkeit entsteht auf befallenen Pflanzenteilen ein grauer Schimmelbelag (siehe Bild 1 Seite 100) der sich bei anhaltender Feuchte rasch ausbreitet.
⛱ Pflanzen nicht zu tief topfen, Luftfeuchte herabsetzen, für rasches Abtrocknen der Pflanzen sorgen, Pflanzen hell und trockener kultivieren.

1

2

3

Daboecia cantabrica, Irische Glanzheide

Daboecia liebt saure, nährstoffarme Böden, viel Niederschlag und milde, frostarme Winter.

Cylindrocladium-Welke (*Cylindrocladium scoparium*)
⚲ Einseitige Welke und Absterben der Pflanzen oftmals nach Hitzeperioden, trotz ausreichender Feuchtigkeit [2].
☂ Kranke Pflanzen beseitigen, keine *Cylindrocladium*-empfindlichen Pflanzen nachpflanzen.

Phytophthora-Welke (*Phytophthora cinnamomi*)
⚲ Befallene Pflanzen werden fahlgrün, welken, verbräunen und sterben ab. Die Wurzeln sind weichfaul [3].
☂ Befallene Pflanzen umgehend entfernen. Boden durchfrieren lassen ehe Eriken oder Azaleen nachgepflanzt werden. Bekämpfung siehe Seite 258.

Dahlia, Dahlie

Für die Kultur sind durchlässige, nährstoffreiche Böden in voller Sonne erforderlich.
Die Knollen sind im Herbst bei trockenem Wetter zu roden, vorsichtig von Erd- und Pflanzenresten zu säubern und gut abgetrocknet zu lagern. Kranke Knollen entfernen und Verletzungen gesunder Knollen unbedingt vermeiden. Ist der Lagerraum zu trocken, so ist ein Einschlag der Knollen in Torf zu empfehlen.

Die Lagertemperatur sollte 5–10 °C betragen.

Virosen

An Dahlien kommen mehrere Virosen vor, die Blattaufhellungen, Vergilbungen von Blattadern und Blättern sowie gestauchten Wuchs zur Folge haben [4].
Kranke Pflanzen entfernen. Die Übertragung der Krankheit erfolgt häufig durch Werkzeuge bei Kulturarbeiten und beim Blütenschnitt, durch Blattläuse und Thripse. Siehe Seite 256.

Bakterielle Welke und Stängelfäule
(*Erwinia chrysanthemi*)

Einzelne Pflanzen oder Triebe welken, der Stängel ist schwarz verfärbt, er lässt sich leicht zusammendrücken und reißt oftmals in Längsrichtung auf. Die Leitungsbahnen sind braun verfärbt. Die Knollen sind nassfaul und übel riechend.
Kranke Pflanzen umgehend beseitigen. Knollen im Herbst streng selektieren. Keine Tauchbehandlungen der Knollen vornehmen. Knollen möglichst trocken überwintern.

Sclerotinia-Stängelfäule (*Sclerotinia sclerotiorum*)

Einzelne Pflanzen oder Triebe welken und verdorren, an den Stängeln braune Flecken [5] (hier an Chrysantheme), im Stängel weißes, watteartiges Myzel, darin oft schwarze Dauerkörper (Sklerotien). Vergleiche Bild [2] Seite 94.
Befallene Pflanzenteile rasch entfernen.

Entyloma-Blattflecken (*Entyloma dahliae*)

An unteren Blättern unregelmäßige, undeutliche gelbgrüne Flecken, später werden sie graubraun mit dunkelbraunem Rand (siehe Bild [2] Seite 102).
Befallene Blätter entfernen. Blattreste im Herbst sorgfältig von den Knollen abnehmen. Anbaufläche wechseln und für

eine gute Belüftung der Pflanzen sorgen. Pompon-Dahlien werden nicht so stark befallen.

Blattwanzen (*Lygus* spp.)
Auf den Blättern anfangs gelbe, später braune Flecken, die beim weiteren Wachstum des Blattes aufreißen. Je nach Befallszeitpunkt ist das Blattgewebe durchlöchert 1.
Eine Bekämpfung ist nur bei starkem Befall in Beständen oder bei hohem Befallsdruck aus Wiesen erforderlich. Sie kann mit Kaliseife (Neudosan) oder Präparaten, die Pyrethrum bzw. Piperonylbutoxid enthalten, vorgenommen werden, und zwar morgens, solange die Tiere aufgrund niedriger Temperaturen noch flugunfähig sind.

Weitere Krankheiten und Schädlinge:
Botrytis-Grauschimmel siehe Seite 19
Rhizoctonia-Stängelgrundfäule siehe Seite 40
Thripse und Blattläuse siehe Seiten 16, 61
Wurzelälchen siehe Seite 116

Delphinium, Rittersporn

Der Rittersporn bevorzugt humose, nährstoffreiche Böden in voller Sonne. Ein Rückschnitt direkt nach der Blüte fördert die Nachblüte im Herbst.

Bakterielle Blattfleckenkrankheit (*Pseudomonas delphinii*)
Unregelmäßige schwarze, oft von Blattadern begrenzte, sich rasch vergrößernde Flecken auf Blättern und Stängeln 4. Befallene Blütenstände vertrocknen. Oft erst im Spätsommer oder im Herbst auftretend. Bei feuchtwarmer Witterung können noch starke Schäden entstehen.
Kranke Pflanzenteile rasch entfernen.

Echter Mehltau (*Erysiphe polygoni*)

🔍 Auf den Blattober- und Blattunterseiten sowie auch an den Blattstielen entsteht ein mehlig weißer Belag [3]. Auch die Blüten werden befallen. Unter dem Belag ist das Gewebe braun verfärbt.

☂ Zur chemischen Bekämpfung siehe Seite 258.

Phyllosticta-Blattflecken (*Phyllosticta ajacis*)

🔍 Auf den Blättern runde schwarze Flecken.

Bei hoher Luftfeuchtigkeit kann es zu einer rascheren Ausbreitung der pilzlichen Erkrankung kommen.

☂ Befallene Pflanzenteile möglichst entfernen. Für ein rasches Abtrocknen der Blätter und möglichst niedrige Luftfeuchte sorgen. Pflanzen im Herbst gut ausreifen lassen. Chemische Bekämpfung siehe Seite 257.

3

4

Weitere Krankheiten und Schädlinge:

Blattläuse siehe Seite 61
Eulenraupen siehe Seite 135

Dianthus, Nelke

Die meisten Nelken benötigen einen kalkhaltigen, sandig-lehmigen und durchlässigen Boden an einem Standort in der Sonne. Auf Staunässe reagieren die Pflanzen sehr empfindlich. Der Standort ist, um Krankheiten vorzubeugen, bei Nachpflanzungen möglichst zu wechseln. Es darf nicht zu tief gepflanzt werden.

Virosen

🔍 An *Dianthus* kommen mehrere Virosen vor, die Blattaufhellungen, Vergilbungen von Blattadern und Blättern, Blütenfarbbrechungen sowie gestauchten Wuchs zur Folge haben (siehe Bild [1] Seite 104).

Kranke Pflanzen entfernen. Die Übertragung der Krankheit erfolgt häufig durch Werkzeuge bei Kulturarbeiten und beim Blütenschnitt, durch Blattläuse und Thripse. Siehe Seite 256.

Bakterielle Welke (*Pseudomonas caryophylli*)

Die Wüchsigkeit befallener Pflanzen lässt nach, Triebspitzen werden stumpfgrau und welken. Oberste Blätter schrumpeln [2], das Wurzelwerk zerfällt. Leitungsbahnen im Stängel sind wässrigbraun verfärbt.

Kranke Pflanzen entfernen. Siehe Seite 256.

Phialophora-Welke- und Vergilbungskrankheit (*Phialophora cinerescens*)

Nesterweises Welken und Vergilben der Pflanzen, an der Pflanze von unten nach oben fortschreitend [3]. Blätter teilweise auch rötlich verfärbt. Die Wurzeln sind zunächst noch gesund. Im Stängelquerschnitt entstehen punkt- oder ringförmige Verbräunungen.

Kranke Pflanzen entfernen, keine Nelken nachpflanzen.

Fusarium-Welkekrankheit (*Fusarium oxysporum* f. sp. *dianthi*)

Die Blätter welken und vergilben zunächst einseitig, später bricht die Pflanze unter strohartiger Verfärbung zusammen [4]. Die Leitungsbahnen sind im unteren vertrockneten Stängelbereich braun verfärbt, im Querschnitt deutlich erkennbar. Die Stängel sind hohl und im Inneren pulvertrocken. Auf den Stängeln entstehen rötliche Sporenlager.

Der Pilz entwickelt sich bei hohen Temperaturen und niedrigen pH-Werten besonders gut. Diese Kulturbedingungen sind zu vermeiden. Während der Kultur sind die Hygienemaßnahmen einzuhalten, siehe Seite 8 f.

Fusarium-Stängelfäule (*Fusarium roseum*)

🔍 An Blattachseln, am Wurzelhals von außen oder an Schnittstellen lokale, graubraune Faulstellen [5]. Der Pilz dringt nicht über die Wurzeln, sondern über Schwach- bzw. Schadstellen ein, die eine längere Zeit feucht sind.

☂ Befallene Pflanzenteile abschneiden. Für ein rasches Abtrocknen der Pflanzen sorgen.

Stängelgrundfäule (*Rhizoctonia solani*)

🔍 Bei Jungpflanzen zunächst einseitig braune, eingesunkene Faulstellen. Weißlich glänzende, lange Pilzfäden bei hoher Luftfeuchte auf dem Substrat, besonders unter aufliegenden Blättern (siehe Bild [1] Seite 106).

☂ Gefährdete Kulturen in der Produktion mit Rovral abspritzen oder überbrausen.

3

4

5

Sclerotinia-Stängelfäule (*Sclerotinia sclerotiorum*)

🔍 Einzelne Triebe oder Pflanzen welken, an den Stängeln braune Flecken, im

Stängel weißes, watteartiges Myzel, darin oft schwarze Dauerkörper (Sklerotien) 2.

☂ Befallene Pflanzen entfernen.

Alternaria-Blattflecken (*Alternaria dianthi*)

🔍 Von den Adern begrenzte unregelmäßig verteilte aschgraue Flecken mit dunklem Rand, in der Mittelzone mit hell-olivbraunem Sporenbelag 3. Später gehen die Flecken ineinander über. Befallene Blätter, Blüten und Triebe sterben ab.

☂ Kranke Pflanzenteile beseitigen, Luftfeuchte niedrig halten, Blätter nicht zu oft befeuchten. Zur chemischen Bekämpfung sind Azoxystrobin-, Kupfer-, Mancozeb- oder Kupfer-haltige Pflanzenschutzmittel (siehe unter „Hinweise zur Bekämpfung spezieller Schaderreger“, Seite 257) geeignet.

Nelkenschwärze (*Cladosporium echinulatum*)

🔍 Auf den Blättern runde, graubraune Flecken mit rotbraunem bis violettem Rand 4.

☂ Kranke Pflanzenteile entfernen. Hellere Standorte wählen, an denen die Pflanzen schneller abtrocknen.

Rostkrankheit (*Uromyces dianthi, Puccinia arenariae*)

🔍 Auf den Blättern und an den Stängeln eingesunkene helle Flecken, weißlichgelbe, länglich braune Rostpusteln 5. Die Pilzsporen werden durch die Luft verbreitet.

☂ Untere kranke Blätter rechtzeitig entfernen. Zur chemischen Bekämpfung siehe Seite 257.

Spinnmilben (*Tetranychus urticae*)
🔎 Auf Blättern weißgelbe Sprenkel, später flächige Aufhellungen und Vertrocknen der Blätter. Die 0,2–0,5 mm großen Milben leben blattunterseits (hier Kelchblättern) im Schutz zarter Gespinste [6].
☂ Befallene Pflanzenteile entfernen. Hohe Temperaturen und trockene Luft fördern den Befall. Zur Bekämpfung siehe Seite 261.

Minierfliege (*Liriomyza trifolii*)
🔎 An den Blättern zunächst viele kleine gelbe Einstichstellen, später helle Miniergänge in den Blättern [7]. Die hellbraunen Puppen der Fliege liegen auf den Blättern und fallen in den Boden.
☂ Jungpflanzen beim Kauf sorgfältig auf Befall kontrollieren. Befallene Blätter rechtzeitig entfernen, ehe sich Puppen entwickeln. In geschlossenen Kulturräumen ist eine sehr effektive Bekämpfung mit Schlupfwespen (*Dacnusa*, *Diglyphus*) möglich.

Nelkenfliege (*Phorbia brunescens*)
Herzblätter der Triebe werden mattgrau und schlaff; sie vertrocknen und verfaulen [8]. Fraßgänge in den Trieben mit 5–8 mm langen weißen Larven.

Thripse (*Frankliniella occidentalis*, *Thrips tabaci*)
🔎 Junge Blätter deformiert, Vegetationskegel verkrüppelt. Blüten mit Stippen (siehe Bild [1] Seite 108), Blütenränder verbräunt. In den Blüten, besonders in den Staubgefäßen, starke Vermehrung der Thripse.
☂ Befallene Pflanzenteile beseitigen. Bestände mit Blautafeln auf Befall kontrol-

5

6

7

8

lieren. Die Kontrolle ist bei Jungpflanzen besonders wichtig, da bereits wenige Tiere zu Verkrüppelungen führen. Zur Tilgung eines Befalls ist der frühe, wiederholte Einsatz von Insektiziden erforderlich, siehe Seite 262.

Weitere Krankheiten und Schädlinge:
Echter Mehltau siehe Seite 192
Botrytis-Grauschimmel siehe Seite 19
Raupen siehe Seite 135

Diascia, Doppelhörnchen

Ideal sind vollsonnige, geschützte Standorte, ohne Zugluft. Regen und Wind können Schäden verursachen.

Grauschimmel (*Botrytis cinerea*)
Stängelgrund und Triebe sind grau verfärbt, bei hoher Luftfeuchtigkeit entsteht auf befallenen Pflanzenteilen ein grauer Schimmelbelag [2], der sich bei anhaltender Feuchte rasch ausbreitet.
Pflanzen nicht zu tief topfen, Luftfeuchte herabsetzen, für rasches Abtrocknen der Pflanzen sorgen, Pflanzen trockener kultivieren.

Erica, Glockenheide

Humose, saure Böden, die weder zur Vernässung noch zur Austrocknung neigen, sind ideale Standorte. Während des Sommers ist für ausreichende Feuchtigkeit zu sorgen. Im Winter müssen die Pflanzen gut abtrocknen können. Eriken sind salzempfindlich. Leichte Düngergaben kön-

nen mit physiologisch sauren Düngern erfolgen.

Sonnenbrand

Blüten sind einseitig verbräunt 3. Derartige Schäden treten oftmals bei starker Sonneneinstrahlung nach Feuchteperioden oder nach dem Besprühen voll blühender Pflanzen bei starker Einstrahlung auf.

Wurzelknöllchen (*Agrobacterium tumefaciens*)

Pflanzen bleiben im Wuchs zurück, Triebe sind gelblich verfärbt. An den Wurzeln knöllchenartige Anschwellungen 4, bei Töpfen besonders im Bereich des Wasserabzugsloches.

Wurzelballen der Pflanzen beim Pikieren oder Pflanzen nicht zu lange ungeschützt außerhalb des Bodens liegen lassen. Kranke Pflanzen sorgfältig aussortieren.

Erikensterben (*Phytophthora cinnamomi*)

Anfangs welken einzelne Triebspitzen, später welkt die ganze Pflanze, sie wird stumpfgrau, vertrocknet und verbräunt. Die Wurzeln faulen von der Wurzelspitze ausgehend, der Wurzelballen ist verbräunt, während der Wurzelhals zu Beginn der Krankheit noch keine Verbräunung aufweist 5.

Kranke Pflanzen und anhaftende Erde großzügig beseitigen. Keine für Phytophthora anfälligen Pflanzen nachpflanzen. Für guten Wasserabzug des Bodens sorgen. In Beständen bei beginnendem Befall mit einem Pflanzenschutzmittel spritzen. Siehe Seite 258.

4

5

6

1

2

3

Stammgrundfäule (*Cylindrocladium scoparium*)

Einzelne Triebe welken, werden braun und sterben ab. Die Pflanze welkt und verbräunt oft einseitig vom Stammgrund ausgehend (siehe Bild 6 Seite 109). Die Wurzeln sind anfangs noch weiß, während der Wurzelhals verbräunt ist. Vergleiche auch *Phytophthora*-Erikensterben.

Strenge Hygiene während der Pflanzenvermehrung einhalten, keine infizierten Kultureinrichtungen ohne Desinfektion wiederverwenden.

Glomerella-Triebsterben (*Glomerella cingulata*)

Triebe sterben nach dem Stutzen von der Stutzstelle her ab. Bei Callunen können auch gesunde Triebspitzen befallen werden und verbräunen 1.

Nach dem Stutzen für rasches Abtrocknen der Pflanzen sorgen. Befallene Pflanzenteile sofort entfernen.

Grauschimmel (*Botrytis cinerea*)

Das Gewebe wird wässrig und weichfaul, bei hoher Luftfeuchte entsteht ein grauer Sporenrasen 2. Besonders im Herbst und im Frühjahr, wenn nach Frostperioden feuchtwarme Witterung einsetzt.

Abgefallene Blätter und abgestorbenes Pflanzengewebe aus dem Bestand entfernen. Pflanzen nach der Blüte regelmäßig zurückschneiden. In den Wintermonaten in Kulturräumen trocken kultivieren, Luftfeuchte herabsetzen, Taupunkttemperatur in der Nacht nicht unterschreiten. Zur chemischen Bekämpfung siehe Seite 258.

Echter Mehltau (*Oidium ericinum*)
🔎 Untere Blättchen verfärben sich rötlich, auf den Blättern sowie an den Stielen entsteht ein mehlig weißer Belag [3]. Auch die Blüten werden befallen. Unter dem Belag ist das Gewebe braun verfärbt. Der Pilz überwintert in den Pflanzenbeständen und sollte daher bei Vorjahresbefall bereits im April vor einer weiteren Ausbreitung der Krankheit bekämpft werden.
☂ Zur chemischen Bekämpfung siehe Seite 257.

4

Weitere Krankheiten und Schädlinge:
Blattläuse und Thripse siehe Seiten 61, 16
Dickmaulrüssler und Weichhautmilben siehe Seite 144

Erysimum cheiri, E. pulchellum, Goldlack

Die Pflanzen bevorzugen volle Sonne bis Halbschatten und eher magere, durchlässige, sandig-lehmige Böden.

5

Bakterielle Blattflecken (*Xanthomonas campestris*)
🔎 Zunächst chlorotische Blattflecken, die später eintrocknen. Stark befallene Blätter sterben ab [4]. Der Befall schreitet in der Regel an der Pflanze von unten nach oben fort.
☂ Die Bakterien werden durch Spritzwasser verbreitet. Pflanzen gut abtrocknen lassen, befallene Blätter umgehend entfernen. Siehe Seite 256.

Grauschimmel (*Botrytis cinerea*)
🔎 Pflanzen welken plötzlich, an Stängelgrund und Trieben sind graue Faulstellen. Bei hoher Luftfeuchtigkeit entsteht auf befallenen Pflanzenteilen ein grauer Schimmelbelag, der sich bei anhaltender Feuchte rasch ausbreitet [5].
☂ Pflanzen nicht zu tief topfen, Luftfeuchte herabsetzen, für rasches Abtrocknen der Pflanzen sorgen, Pflanzen hell und trockener kultivieren. Siehe Seite 258.

1

2

3

Fuchsia, Fuchsie

Fuchsien benötigen einen luftigen, halbschattigen Standort, an dem sie nach dem Regen rasch abtrocknen. Die Pflanzen sind laufend zu putzen und von schwachen Trieben, vertrockneten Blüten und gelben Blättern zu befreien. Das durchlässige, humose Substrat sollte einen pH-Wert von 6–7 aufweisen und nicht zu stark gedüngt werden.

Pythium-Wurzelfäule

🔎 Die Blätter werden fahlgrün und stumpf. Sie welken und vergilben. Die Wurzel ist weichfaul [1]. Die Wurzelrinde lässt sich vom Zentralzylinder abziehen, sodass „Wurzelbärte" verbleiben.
Die begeißelten Sporen des Pilzes benötigen zur Ausbreitung eine hohe Bodenfeuchte. Sauerstoffmangel im Boden begünstigt den Befall.

☂ Möglichst trocken kultivieren, seltener, aber durchdringend gießen. Substrate mit grober Struktur verwenden.

Grauschimmel (*Botrytis cinerea*)

🔎 Das Gewebe wird wässrig und weichfaul, bei hoher Luftfeuchte entsteht ein grauer Sporenrasen [2]. Besonders im Herbst und im Frühjahr, wenn nach Frostperioden feuchtwarme Witterung einsetzt.

☂ Alte Blätter und abgestorbenes Pflanzengewebe entfernen. In den Wintermonaten trocken kultivieren, Überwinterungsräume an hellen Tagen gut lüften. Luftfeuchte herabsetzen, Taupunkttemperatur in der Nacht nicht unterschreiten. Zur chemischen Bekämpfung siehe Seite 258.

Rostkrankheit (*Pucciniastrum epilobii*)
🔍 Blattunterseits zitronengelbe Rostpusteln, die in einem Belag eng zusammenstehen [3]. Die Blätter werden von unten her gelb und fallen ab. Die Pilzsporen werden durch die Luft verbreitet.
☂ Kranke Blätter rechtzeitig entfernen. Temperaturschwankungen gering halten. Chemische Bekämpfung siehe Seite 258.

Weiße Fliege (*Trialeurodes vaporariorum*)
🔍 Auf den Blattunterseiten etwa 2 mm große Mottenschildläuse mit weißen Flügeln und ungeflügelte hellgelbe Larvenstadien [4]. Bei stärkerem Befall vergilben die Blätter. Es entsteht ein klebriger Honigtaubelag.
☂ Siehe Seite 262.

4

Blattälchen (*Aphelenchoides fragariae, A. ritzemabosi*)
🔍 Zunächst gelbe, später braune, eckige Blattflecken, von den Blattadern scharf begrenzt [5]. Starker Blattfall.
Die Nematoden leben im Blattgewebe, sie können sich bei häufiger Blattbenetzung auf dem Blatt und an der Pflanze rasch verbreiten.
☂ Befallene Pflanzenteile entfernen und die Kulturführung trockener gestalten. Häufige Blattbenetzung ist zu vermeiden. Keine Pflanzenteile von kranken Pflanzen für Vermehrungen verwenden.

Weitere Krankheiten und Schädlinge:
Raupen siehe siehe Seite 135
Spinnmilben siehe Seite 120

5

Helianthus, Sonnenblume

Die Pflanzen benötigen einen nicht zu flachgründigen Boden in sonniger Lage. Der pH-Wert sollte zwischen 6,5 und 7,2 liegen. Im Sommer ist für eine gute Bewässerung der Pflanzen zu sorgen. Im Winter sind die Pflanzen durch eine Torf- oder Kompostschicht vor starkem Frost zu schützen, nicht alle Arten sind ausreichend frosthart.

Sclerotinia-Stängelfäule (*Sclerotinia sclerotiorum*)
🔍 Pflanzen welken, an den Stängeln braune Flecken, im Stängel weißes, watteartiges Myzel, darin oft schwarze Dauerkörper (Sklerotien) 1.
☂ Befallene Pflanzen entfernen.

Alternaria-Blattflecken (*Alternaria helianthi*)
🔍 Unregelmäßig verteilte, aschgraue Flecken mit dunklem Rand, in der Mittelzone mit hellolivbraunem Sporenbelag. Später gehen die Flecken ineinander über. Auf den Stielen schwarze Flecken 2. Befallene Blätter, Blüten und Triebe sterben ab.
☂ Kranke Pflanzenteile beseitigen, Luftfeuchte niedrig halten, Blätter nicht zu oft befeuchten. Zur chemischen Bekämpfung siehe Seite 257.

Falscher Mehltau (*Plasmopara halstedii*)
🔍 Blattoberseits bleiche Stellen, blattunterseits ein schmutzig weißer Sporenbelag 3.
☂ In Kulturräumen Luftfeuchte kontrollieren, nachts die Taupunkttemperatur

nicht unterschreiten, häufiges Befeuchten der Blätter vermeiden. Bei ausgepflanzten Beständen für gute Belüftung der Pflanzen sorgen.
Kranke Pflanzenteile möglichst entfernen. In Beständen bei beginnendem Befall mit einem Pflanzenschutzmittel spritzen. Siehe Seite 258.

Blattadernminierfliegen (*Phytomyza* sp., *Liriomyza* sp.)

An den Blättern zunächst viele kleine gelbe Einstichstellen, später helle Miniergänge in den Blättern 4. Die dunkelbraunen Puppen der Fliege liegen auf den Blättern und fallen auf den Boden.

Jungpflanzen beim Kauf sorgfältig auf Befall kontrollieren. Befallene Blätter rechtzeitig entfernen, ehe sich Puppen entwickeln. In geschlossenen Kulturräumen ist eine sehr effektive Bekämpfung mit Schlupfwespen (*Dacnusa*, *Diglyphus*) möglich.

Weitere Krankheiten und Schädlinge:
Echter Mehltau siehe Seite 192
Welkekrankheiten siehe Seite 94
Blattwanzen siehe Seite 75

Helleborus, Christrose, Lenzrose

Helleborus stellen hohe Standortansprüche. Der Boden sollte tiefgründig, sehr durchlässig, mittelschwer, humusreich und salzarm sein. Zu Staunässe neigende wie auch Sandböden sind ungeeignet.

Der pH-Wert sollte zwischen pH 6,5 und 7,2 liegen.

Ringfleckenkrankheit (Viren)

Auf den Blättern charakteristische gelbe Flecken und Ringe [1].

Kranke Pflanzen entfernen. Zur Bekämpfung von Virosen siehe Seite 256.

Falscher Mehltau (*Peronospora pulveracae*)

Austreibende Blätter bleiben klein und verkrüppeln, blattoberseits braune Stellen, blattunterseits ein schmutzig weißer Sporenbelag [2].

Nur gesunde Pflanzen vermehren. Häufiges Befeuchten der Blätter vermeiden. Bei ausgepflanzten Beständen für gute Belüftung der Pflanzen sorgen. Kranke Pflanzenteile entfernen. In Beständen bei beginnendem Befall mit einem Pflanzenschutzmittel spritzen. Siehe Seite 258.

Schwarzfleckenkrankheit (*Coniothyrium hellebori*)

Oft vom Blattrand ausgehende, unregelmäßige braunschwarze Flecken mit schwacher ringförmiger Zonenbildung [3].

Befallene Blätter entfernen, pH-Wert prüfen, mäßig mit Stickstoff düngen. Befallene Bestände wiederholt mit Kupferpräparaten behandeln. Als besonders geeignet hat sich Kupferhydroxyd erwiesen.

Wurzelälchen (*Pratylenchus* sp.)

Wachstum der Pflanzen verkümmert, der Austrieb ist schwach.

Kranke Pflanzen mit anhaftender Erde sorgfältig entfernen. Boden auf Wurzel-

nematoden untersuchen lassen. Keine anfälligen Pflanzen nachpflanzen.
Eine gewisse Bekämpfung ist durch Anpflanzung von *Tagetes* möglich.

Stängelälchen (*Ditylenchus dipsaci*)
🔍 Blätter verhärten und verkrüppeln, Fiederblätter sind unregelmäßig ausgebildet und teilweise vergilbt [4]. Die Nematoden leben im Blattgewebe, sie können sich bei häufiger Blattbenetzung auf dem Blatt und an der Pflanze rasch verbreiten.
☂ Befallene Pflanzenteile entfernen und die Kulturführung trockener gestalten. Eine Blattbenetzung ist zu vermeiden. Keine Pflanzenteile von kranken Pflanzen für Vermehrungen verwenden.

Schnecken
🔍 Schabe- und Fensterfraß, es entstehen Löcher im Blatt [5].
☂ Feuchtigkeit im Bestand verringern, bei Einzelpflanzen Schnecken absammeln (möglichst nachts). Je nach Befallsstärke können Schneckenkorn, Schneckenband oder Schneckenstaub eingesetzt werden.

Weitere Krankheiten und Schädlinge:
Blattläuse siehe Seite 61

Heuchera, Purpurglöckchen

Der Standort der Blattschmuckstauden sollte lichtschattig bis sonnig sein. Purpurlaubige *Heuchera*-Sorten bevorzugen sonnige Standorte, an dunklen Plätzen vergrünen die Blätter. Gelbbunte Sorten bevorzugen einen lichtschattigen Stand-

4

5

ort. Der durchlässige und nährstoffreiche Boden sollte sandig- oder lehmig-humos sein.

Plötzliche Welke

🔍 Der Stängelgrund ist grau bis schwarz verfärbt, die Wurzeln sterben ab [1]. Krankheit kann durch *Phytophthora* sp., *Pythium* sp. oder *Botrytis cinerea* hervorgerufen werden.

☂ Kranke Pflanzen mit umgebender Erde entfernen. Für lockeren Boden sorgen, Staunässe vermeiden, nicht zu tief pflanzen, die Pflanzen sollten rasch abtrocknen können.

Iberis sempervirens, Immergrüne Schleifenblume

Der nährstoffarme, wasserdurchlässige und möglichst trockene, warme Stein- und Felsboden sollte geringen Humusanteil haben und möglichst sonnig sein, immergrüne Sorten können auch im Halbschatten stehen.

Bakterielle Blattflecken (*Pseudomonas syringae*)

🔍 Blätter werden chlorotisch, darauf schwarze Flecken [2].

☂ Die Bakterien werden durch Spritzwasser verbreitet. Pflanzen gut abtrocknen lassen, befallene Blätter umgehend entfernen. Siehe Seite 256.

Falscher Mehltau (*Peronospora* sp.)

🔍 Blätter werden fahlgrün, Blattoberseiten aufgehellt. Blattunterseits bildet sich ein schmutzig grauer Pilzsporenrasen [3].

☂ Bekämpfung siehe Seite 259.

Impatiens, Fleißiges Lieschen, Edel-Lieschen

Die Pflanzen benötigen durchlässige humose Substrate mit einem pH-Wert zwischen 5,5 und 6,5. Der Salzgehalt sollte 1,5 g/l Substrat nicht übersteigen. Bei Ballentrockenheit kann es zum Eintrocknen der Blattränder oder zum Abfallen der Blüten kommen. Halbschattige Standorte mit erhöhter Luftfeuchte sind für das Wachstum und die Blüte der *Impatiens* im Sommer optimal.

Gurkenmosaik-Virus (cucumber mosaic virus)

Der Wuchs der Pflanzen ist gedrungen, das Blattgewebe gewellt, teilweise unregelmäßig vergilbt mit einzelnen Läsionen [4].

Kranke Pflanzen entfernen. Das Virus wird durch Blattläuse übertragen. Siehe Seite 256.

Tomatenbronzeflecken-Virus (tomato spotted wilt virus)

Das Virus führt zu Wuchshemmungen und Blattmissbildungen. Das Blattgewebe ist unregelmäßig aufgehellt, mit kleinen Läsionen, die Blattfläche ist teilweise verhärtet und verkrüppelt [5].

Kranke Pflanzen entfernen, Bestände in Kulturräumen mit Blautafeln überwachen. Das Virus wird durch den Thrips *Frankliniella occidentalis* verbreitet. Siehe Seite 256.

Stauchewuchs (turnip mosaic virus)

Sehr stark gehemmter Wuchs mit Blattwellungen und Blattvergilbungen [6].

Spinnmilben (*Tetranychus urticae*)
🔎 Auf Blättern weißgelbe Sprenkel, später flächige Aufhellungen und Vertrocknen der Blätter [1].
Die 0,2–0,5 mm großen Milben leben blattunterseits im Schutz zarter Gespinste.
☂ Befallene Pflanzenteile entfernen. Hohe Temperaturen und trockene Luft fördern den Befall. Zur Bekämpfung siehe Seite 261.

Weichhautmilben (Tarsonemidae)
🔎 Das Blattgewebe verhärtet und verkrüppelt, die Blätter bleiben kleiner, die Blattränder sind oftmals gebogen [2]. Die Entwicklung der 0,3 mm großen, glasig weißen Milben ist unter feuchtwarmen Bedingungen begünstigt.

Mutterpflanzen sind ständig auf Befall zu kontrollieren. Zur chemischen Bekämpfung siehe Seite 262.

Kalifornischer Thrips (*Frankliniella occidentalis*)
Junge Blätter deformiert, Vegetationskegel verkrüppelt [3]. Blüten mit Stippen, Blütenränder verbräunt. In den Blüten, besonders in den Staubgefäßen starke Vermehrung der Thripse. Vorsicht! Der Thrips überträgt das Tomatenbronzeflecken-Virus.
Befallene Pflanzenteile beseitigen. Bestände mit Blautafeln auf Befall kontrollieren. Die Kontrolle ist bei Jungpflanzen besonders wichtig, da bereits wenige Tiere zu Verkrüppelungen führen. Zur Tilgung eines Befalls ist der wiederholte Einsatz von Insektiziden erforderlich, siehe Seite 262.

Weitere Krankheiten und Schädlinge:
Rhizoctonia-Stängelgrundfäule siehe Seite 40
Blattläuse siehe Seite 61
Verticillium-Welke siehe Seite 94
Weiße Fliege siehe Seite 41/42

Ipomoea, Prunk- oder Trichterwinde

Ipomoea braucht einen sonnigen, wind- und regengeschützten Platz.

Tierische Schaderreger
Weichhautmilben: Blätter und Triebe teilweise verkorkt, deformiert und verkrüppelt [4].

4

Spinnmilben: Blätter mit weißlich gelblichen Aufhellungen, siehe Bild [1] Seite 120.
Thripse: Blätter mit weißlich gelblichen Aufhellungen, darin dunkle Kotflecken, siehe Bild [4] Seite 197.
Blattläuse: An den Triebspitzen Blattlauskolonien, die klebrigen Honigtau ausscheiden und zu Verkrümmungen der Triebspitzen führen, siehe Bild [5] Seite 195.
Bekämpfung siehe Seite 259.

Lavandula angustifolia, Echter Lavendel

Lavendel liebt volle Sonne, trockene, lockere und kalkhaltige Böden. Er sollte jährlich geschnitten werden. Die beste Zeit dafür ist im Frühjahr vor dem neuen Austrieb, wenn kein starker Frost mehr zu erwarten ist. Bei zu hoher Feuchtigkeit ist er anfällig für Krankheiten. Bei Staunässe sterben die Pflanzen sehr schnell ab. Vor starkem Frost sollte Lavendel geschützt werden.

1

2

3

Wurzelfäule (*Pythium* sp.)

Zunächst nur eine Welke der Triebspitzen, später Wurzeln weichfaul und dunkel verfärbt [1].

Pflanzen trockener kultivieren, Staunässe vermeiden.

Botrytis-Triebsterben (*Botrytis cinerea*)

Stängelgrund und Triebe sind grau verfärbt, bei hoher Luftfeuchtigkeit entsteht auf befallenen Pflanzenteilen ein grauer Schimmelbelag, der sich bei anhaltender Feuchte rasch ausbreitet [2].

Pflanzen nicht zu tief topfen, Luftfeuchte herabsetzen, für rasches Abtrocknen der Pflanzen sorgen, Pflanzen trockener kultivieren.

Lewisia cotyledon, Gewöhnliche Bitterwurz

Lewisia bevorzugen sonnige bis halbschattige Standorte mit steinig-kiesigen gut dränierten Böden. Eine Frühjahrsdüngung ist empfehlenswert. Auf schweren, verdichteten Böden kann es rasch zu Befall mit Wurzelfäule kommen.

Fusarium-Welke (*Fusarium* sp.)

Pflanzen welken und sterben unter einer rotbraunen Verfärbung des Laubes ab [3].

Kranke Pflanzen umgehend entfernen, für gleichmäßige Wasserversorgung und guten Wasserablauf sorgen. Siehe Seite 8.

Limonium, Statice, Strandflieder

Die Pfahlwurzel der *Limonium*-Pflanze benötigt einen tiefgründigen, humosen, sandig-lehmigen Boden mit einer Reaktion zwischen pH 6,4 und 7,2. Sauerstoffarme, zu Staunässe neigende Böden führen leicht zu Erkrankungen der Pflanzen. Windoffene Lagen fördern das Abtrocknen der Pflanzen nach Niederschlägen, sie sind günstig.

Fusarium-Welke (*Fusarium oxysporum*)

🔎 Der Pflanzenwuchs ist schwach. Die Blätter sind von der Spitze rot verfärbt, sie vertrocknen und verfaulen. Die Stängel sind stellenweise schwarz, trocknen ebenfalls ein und faulen ab. Die Blütenstände vertrocknen, die Gefäßbündel des Wurzelstockes sind braun verfärbt.

☂ Zur Bekämpfung des Pilzes stehen keine ausreichend wirksamen Pflanzenschutzmittel zur Verfügung. Der Hygiene, insbesondere der Verwendung sauberer Kulturgefäße und krankheitsfreier Erden, kommt daher besondere Bedeutung zu. Siehe Seite 8 f.

Grauschimmel (*Botrytis cinerea*)

🔎 Blütenstände verbräunen, schrumpfen ein und knicken ab [4].

☂ Alte Blätter und abgestorbenes Pflanzengewebe aus dem Bestand entfernen. In den Wintermonaten in Kulturräumen trocken kultivieren, Luftfeuchte herabsetzen, Taupunkttemperatur in der Nacht nicht unterschreiten. Zur chemischen Bekämpfung siehe Seite 258.

Phyllosticta-Blattflecken

🔎 Auf den Blättern entstehen braune, unregelmäßige Flecken, von gelbem Rand umgeben.

Bei hoher Luftfeuchtigkeit und anderweitigen Schädigungen des Blattes kommt es zu einer rascheren Ausbreitung der pilzlichen Erkrankung.

☂ Befallene Pflanzenteile möglichst entfernen. Für ein rasches Abtrocknen der Blätter und möglichst niedrige Luftfeuchte sorgen. Pflanzen im Herbst gut ausreifen lassen. Chemische Bekämpfung siehe Seite 257.

Rostkrankheit (*Uromyces limonii*)

🔎 Auf den Blättern im Frühjahr purpurumrandete Flecken, im Sommer blattunter- und blattoberseits braune, später schwarze Rostpusteln (siehe Bild [1] Seite 124).

Die Pilzsporen werden durch die Luft verbreitet.

☂ Kranke Blätter rechtzeitig entfernen. Zur chemischen Bekämpfung siehe Seite 257.

1

2

Blattälchen (*Aphelenchoides fragariae*)
🔍 Zunächst gelbe, später braune, eckige Blattflecken, von den Blattadern scharf begrenzt [2]. Die Nematoden leben im Blattgewebe, sie können sich bei häufiger Blattbenetzung auf dem Blatt und an der Pflanze rasch verbreiten.
☂ Befallene Pflanzenteile entfernen und die Kulturführung trockener gestalten. Eine Blattbenetzung ist zu vermeiden. Keine Pflanzenteile von kranken Pflanzen für Vermehrungen verwenden.

Weitere Krankheiten und Schädlinge:
Mosaikvirus siehe Seite 38
Echter Mehltau siehe Seite 192
Spinnmilben siehe Seite 120
Thripse siehe Seite 16

Lobelia, Lobelie, Männertreu

Die Aussaat muss bis spätestens Mitte Januar in ein humoses Substrat erfolgen. Vorsicht, die Pflanzen sind frostempfindlich. Die Jungpflanzen werden einmal entspitzt, damit sie sich mehrtriebig aufbauen. Als Standort sind humose, mittelschwere, durchlässige Böden mit einem pH-Wert von 6,5–7 zu wählen.

Tomatenbronzeflecken-Virus (tomato spotted wilt virus)
🔍 Das Virus führt zu Wuchshemmungen und Blattmissbildungen.
Das Blattgewebe ist unregelmäßig aufgehellt, mit kleinen Läsionen, die Blattfläche ist teilweise verhärtet und verkrüppelt [3].
☂ Kranke Pflanzen entfernen, Bestände in Kulturräumen mit Blautafeln überwa-

chen. Das Virus wird durch den Thrips *Frankliniella occidentalis* verbreitet. Siehe Seite 256.

Blatt- und Stängelbakteriose
(*Xanthomonas campestris*)
🔎 Die Blätter von *Lobelia erinus* 'Richardii' verfärben sich von den Blattadern oder vom Blattrand ausgehend gelb bis rötlich. Die Triebe weisen eingesunkene Flecken auf, die sich später gelblich-weiß verfärben [4]. Befallene Pflanzen brechen zusammen.
☂ Befallene Pflanzen sofort entfernen. Von einzelnen Pflanzen kann die Infektion ganzer Bestände ausgehen. Zur Bekämpfung siehe Seite 256.

Lupinus polyphyllus, Vielblättrige Lupine

Geeignet ist ein sonniger bis halbschattiger, möglichst windgeschützter Standort mit tiefgründigem, leicht sandigem, humosem Boden, ein pH-Wert unter 6,5 ist ideal.

Brennflecken (*Colletotrichum lupini*)
🔎 Blattwelke, weißliche Blattflecken und Blattdeformationen, aber auch Triebsterben entstehen insbesondere bei steigenden Frühjahrstemperaturen und häufigerer Blattfeuchte [5].
☂ Kranke Pflanzen aus dem Bestand entfernen. Blätter nach Möglichkeit nicht befeuchten, für ein rasches Abtrocknen der Blätter sorgen. Siehe Seite 257.

3

4

5

Myosotis, Vergissmeinnicht

Das durchlässige und humose Substrat sollte einen pH-Wert von 5–6 aufweisen. Die Pflanzen dürfen nicht zu eng stehen, da Lichtmangel der unteren Blätter zum Vergilben und Abstoßen der Blätter führt. Enger Stand erhöht darüber hinaus die Luftfeuchte und begünstigt die Entwicklung von Pilzkrankheiten.

Falscher Mehltau (*Peronospora myosotidis*)

🔍 Blattoberseits bleiche Stellen, blattunterseits ein schmutzig weißer Sporenbelag [1].

☂ In Kulturräumen Luftfeuchte kontrollieren, nachts die Taupunkttemperatur nicht unterschreiten, häufiges Befeuchten der Blätter vermeiden. Bei ausgepflanzten Beständen für gute Belüftung der Pflanzen sorgen.
Kranke Pflanzenteile möglichst entfernen. In Beständen bei beginnendem Befall mit einem Pflanzenschutzmittel spritzen. Siehe Seite 258.

Echter Mehltau (*Erysiphe cichoracearum*)

🔍 Auf den Blattober- und Blattunterseiten sowie auch an den Blattstielen entsteht ein mehlig weißer Belag [2]. Auch die Blüten werden befallen. Unter dem Belag ist das Gewebe braun verfärbt.

☂ Zur chemischen Bekämpfung siehe Seite 257.

Weitere Krankheiten und Schädlinge:
Botrytis-Grauschimmel siehe Seite 19

Ophiopogon japonicus, Japanischer Schlangenbart

Bevorzugt wird ein halbschattiger Standort mit Morgen- oder Abendsonne. Das Substrat sollte gut durchlässig sein, damit keine Staunässe auftritt. Ausgepflanzt vertragen die Pflanzen Frost. Topfpflanzen sollten kühl, zwischen 3 und 10 °C, hell oder schattig überwintert werden.

Blattverbrennungen (Nichtparasitärer Schaden)

🔍 Sie entstehen durch häufige Blattbenetzung (Bewässerung, Düngung, Pflanzenschutzmaßnahmen) und zu starke Sonneneinstrahlung. Aber auch anhaltende Trockenheit und starke Sonneneinstrahlung verursachen Verbrennungen des Laubes [3].

3

Osteospermum ecklonis

Zur Kultur bevorzugen die Pflanzen ein torf-/tonhaltiges, leicht aufgedüngtes Substrat mit einem pH-Wert von 6,0–6,5. Der Standort sollte hell und luftig sein. Die volle Blütenpracht werden die Pflanzen in leichtem, mäßig gedüngtem, wasserdurchlässigem Boden an einer warmen, geschützten Stelle in voller Sonne entfalten. Alte Blütenköpfe regelmäßig auskneifen, um die Blütezeit zu verlängern und die Entwicklung von Fäulnis zu verhindern.

4

Virosen (Tospoviren, z. B.TSW-V; Mottle-Viren)

🔍 Es kommen mehrere Virosen vor, die Blattaufhellungen, Vergilbungen von Blattadern und Blättern, Verbräunungen, mosaikartige Aufhellungen, Wuchsdepressionen, gestauchten Wuchs, Wuchsanomalien [4], Blütenvergrünungen oder Blütenfarbbrechungen zur Folge haben.

☂ Kranke Pflanzen entfernen. Siehe auch Seite 256.

1

2

3

Falscher Mehltau (*Bremia lactucae*)
🔍 Von den Blattadern scharf begrenzte helle Flecken, blattunterseits ein schmutzig weißer Sporenbelag [1].
☂ In Kulturräumen Luftfeuchte kontrollieren, nachts die Kondensation der Luftfeuchte an den Blättern vermeiden (Taupunkttemperatur nicht unterschreiten), häufiges Befeuchten der Blätter vermeiden. Bei ausgepflanzten Beständen für gute Belüftung der Pflanzen sorgen. Kranke Pflanzenteile möglichst entfernen. Zur chemischen Bekämpfung siehe Seite 258.

Grauschimmel (*Botrytis cinerea*)
🔍 Das Gewebe wird wässrig und weichfaul, bei hoher Luftfeuchte entsteht ein grauer Sporenrasen.
Tritt besonders im Herbst und im Frühjahr auf, wenn nach Frostperioden feuchtwarme Witterung einsetzt [2].
☂ Alte Blätter und abgestorbenes Pflanzengewebe aus dem Bestand entfernen. In den Wintermonaten in Kulturräumen trocken kultivieren, Luftfeuchte herabsetzen, nachts die Kondensation der Luftfeuchte an den Blättern vermeiden (Taupunkttemperatur nicht unterschreiten). Zur chemischen Bekämpfung siehe Seite 258.

Blütenthrips (*Frankliniella occidentalis*)
🔍 Junge Blätter deformiert, Vegetationskegel verkrüppelt. Blüten mit Stippen, Blütenränder verbräunt. In den Blüten, besonders in den Staubgefäßen starke Vermehrung der Thripse [3].
☂ Befallene Pflanzenteile beseitigen. Bestände mit Blautafeln auf Befall kontrollieren. Die Kontrolle ist bei Jung-

pflanzen besonders wichtig, da bereits wenige Tiere zu Verkrüppelungen führen. Zur Tilgung eines Befalls ist der frühe, wiederholte Einsatz von Insektiziden erforderlich (siehe Seite 262).

Paeonia, Pfingstrose

Lehmig-humoser, tiefgründiger Boden ist für die Kultur geeignet. Er sollte einen pH-Wert von 6–7,5 aufweisen. Teilstücke nicht zu tief pflanzen und nicht mit Mist oder Torf-Mulch abdecken. Die Triebknospen dürfen nur 3–5 cm mit Erde bedeckt sein, sonst bilden sie später nur schwache, nichtblühende Nebentriebe.

Ringfleckenkrankheit (peony ring spot virus)
🔎 Helle Ringe, Linienmuster und Flecken auf den Blättern [4]. Die Blütenbildung ist beeinträchtigt, die Blüten bleiben kleiner.
☂ Kranke Pflanzen entfernen. Nur absolut gesunde Pflanzen vermehren. Siehe Seite 256.

Botrytis-Stängel-, Blatt- und Knospenerkrankung (*Botrytis paeoniae*)
🔎 Einzelne Sprosse welken nach dem Austrieb und fallen um [5]. Der Stängel ist dicht unter der Erdoberfläche verfault. Bei feuchter Witterung kann der Pilz auch ältere Stängel und Blütenknospen befallen und unter Braunfärbung zum Absterben bringen [6].
☂ Abgestorbene Pflanzenteile entfernen. Standorte auswählen, die besonders im Frühjahr rasch abtrocknen. Nur mäßig mit Stickstoff düngen. Zur chemischen Bekämpfung siehe Seite 258.

Cladosporium-Blattflecken
(*Cladosporium paeoniae*)
An Blatträndern und Blattspitzen große hellbraune bis blauviolette Flecken. Auf den Flecken bildet sich blattunterseits ein bräunlicher Sporenbelag [1].
Zur Bekämpfung sind die unter *Septoria*-Blattfleckenkrankheit genannten Maßnahmen zu beachten.

Rostkrankheit (*Cronartium paeoniae*)
Auf den Blättern länglich braune, violett umrandete Flecken, blattunterseits hellbraune Pusteln [2], im Spätsommer dunkelbraune säulenförmige Sporenlager. Die Pilzsporen werden durch die Luft verbreitet. Der Pilz überwintert an Kiefern als Rindenblasenrost.
Untere kranke Blätter rechtzeitig entfernen. Zur chemischen Bekämpfung siehe Seite 257.

Septoria-Blattfleckenkrankheit
(*Septoria paeoniae*)
Auf den Blättern dunkelgrau-schwarze, scharf begrenzte runde Flecken mit purpurfarbenem Rand. Die Flecken trocknen ein und hellen auf. Auf den Flecken sind die schwarzen Fruchtkörper deutlich zu erkennen.
Befallene Blätter entfernen, besonders großlaubige Sorten nicht zu eng pflanzen. Die Pflanzen nicht zu üppig mit Stickstoff versorgen. Größere Bestände bei Befallsgefahr in Schlechtwetterperioden behandeln. Siehe dazu Seite 257.

Weitere Krankheiten und Schädlinge:
Welkekrankheiten siehe Seite 94
Blatt- und Wurzelälchen siehe Seiten 71, 116

Pelargonium, Pelargonie, Geranie

Die Pflanzen sollten in einem strukturstabilen Torf-Lehm-Gemisch mit einem pH-Wert von 5,5–6,5 kultiviert werden. Nur gesunde Pflanzen überwintern. Im Winter darf das Substrat nicht zu trocken werden. Die Luftfeuchte ist jedoch niedrig zu halten, damit der Grauschimmel (*Botrytis*) den jungen Austrieb nicht schädigt.

Korkwucherungen (nichtparasitär)

🔍 Auf der Blattunterseite entstehen bräunliche, korkartige Schwielen [3]. Achtung! Eine Verwechselung mit Thrips-Befall ist möglich.

☂ Hohe Luftfeuchte bei anhaltend feuchtem Wurzelballen. Starke Schwankungen von Luftfeuchte und Nährstoffversorgung wie auch Befall mit Thripsen, Spinn- oder Weichhautmilben können Ursachen der Korkwucherungen sein.

Virosen

🔍 An Pelargonien kommen mehrere Virosen vor, die Blattaufhellungen, Vergilbungen von Blattadern und Blättern, Blütenfarbbrechungen sowie gestauchten Wuchs zur Folge haben können [4], [5], [6].

☂ Kranke Pflanzen entfernen. Vor dem Stecklingsschnitt und vor der Überwinterung befallsverdächtige Pflanzen aussortieren. Die Übertragung erfolgt in erster Linie bei der Stecklingsentnahme. Siehe Seite 256.

Tomato spotted wilt virus [4], Ringfleckenvirus [6]

Pelargonium flower break virus [5]

⛱ Kranke Pflanzen umgehend entfernen. Keine Stecklinge von kranken Pflanzen entnehmen. Siehe Seite 256.

Blättrige Gallen (*Rhodococcus fascians*)

🔍 Fleischig verdickte helle Gallen am Stängel [2], oftmals unter der Erdoberfläche. Die Pflanzen werden nur wenig geschädigt.

⛱ Gallen entfernen und von den befallenen Pflanzen keine Stecklinge schneiden. Kulturgefäße und Substrat für die Pelargonien-Kultur nicht wieder verwenden.

Pythium-Wurzel- und Stängelgrundfäule (*Pythium* sp.)

🔍 Stängelgrundfäule: Besonders bei Stecklingen oder Jungpflanzen verfärbt

Bakterielle Welke, Stängelfäule und Blattfleckenkrankheit (*Xanthomonas hortorum* pv. *pelargonii*)

🔍 An sonnigen Tagen welken einzelne Blätter, obwohl der Wurzelballen feucht ist. Später vergilben die Blätter und der Trieb stirbt unter Schwarzfärbung der Stängelbasis ab [1]. Ein zweites Symptom tritt seltener, besonders an älteren Pflanzen auf. Es führt zunächst zu hellen, ölig durchscheinenden, später rehbraunen Flecken im Blattgewebe.

sich der Stängelgrund grünlich schwarz und wird nassfaul [3].

Wurzelfäule: Die Blätter werden fahlgrün und stumpf. Sie welken und vergilben. Die Wurzel ist weichfaul. Die Wurzelrinde lässt sich vom Zentralzylinder abziehen, sodass „Wurzelbärte“ verbleiben. Die begeißelten Sporen des Pilzes benötigen zur Ausbreitung eine hohe Bodenfeuchte. Sauerstoffmangel im Boden begünstigt den Befall.

Möglichst trocken kultivieren, seltener, aber durchdringend gießen. Substrate mit grober Struktur verwenden.

Verticillium-Welke (*Verticillium dahliae*)

Die Krankheit tritt besonders bei Edelpelargonien auf. Zunächst einseitige

4

5

Welke der Blätter. Oft welken nur Blatthälften oder Blattsektoren. Blätter bleiben wie bei Chrysanthemen vertrocknet am Stängel hängen [4]. Die Gefäßbündel im Stängelquerschnitt sind braun verfärbt. Die Wurzeln sind gesund.

Befallene Pflanzen, Kulturgefäße und Substrat beseitigen.

Blattfleckenkrankheiten (*Macrosporium pelargonii*, *Alternaria* sp.)

Dunkelgrüne, später braun werdende runde Flecken mit dunklem, teilweise erhöhtem Rand, in der Mittelzone mit hellolivbraunem Sporenbelag [5]. Die Krankheit tritt besonders bei *P.*-Zonale-Hybriden und bei Edelpelargonien in regnerischen Sommern oder bei hoher Luftfeuchte unter Glas auf.

Kranke Blätter beseitigen, Luftfeuchte niedrig halten, Blätter nicht zu oft befeuchten. Zur chemischen Bekämpfung siehe Seite 257.

Grauschimmel (*Botrytis cinerea*)

🔎 Im Blattgewebe und in Blütenständen entstehen wässrige, braune Faulstellen. Bei hoher Luftfeuchte entsteht ein grauer Sporenrasen [1]. Besonders bei feucht-warmer und dunkler Witterung.

☂ Alte Blätter und abgestorbenes Pflanzengewebe aus dem Bestand entfernen. In den Wintermonaten in Kulturräumen trocken kultivieren, Luftfeuchte herabsetzen, Taupunkttemperatur in der Nacht nicht unterschreiten. Zur chemischen Bekämpfung siehe Seite 258.

Rostkrankheit (*Puccinia pelargonii-zonalis*)

🔎 Auf den Blättern helle Flecken, blattunterseits kreisförmig angeordnete, braune Rostpusteln [2].
Die Pilzsporen werden durch die Luft verbreitet. Für die Keimung benötigen sie tropfbares Wasser.

☂ Kranke Blätter rechtzeitig entfernen. Zur chemischen Bekämpfung siehe Seite 257.

Weichhautmilben (Tarsonemidae)

🔎 Blätter an Triebspitzen sind kleiner und verhärtet, die Blattränder sind oftmals nach unten gebogen, siehe Bild [2] Seite 120. An Blattstielen und unter Blättern grindig braune Verkorkungen.
Die Entwicklung der 0,3 mm großen, glasig weißen Milben ist unter feucht-warmen Bedingungen begünstigt.

☂ Mutterpflanzen sind ständig auf Befall zu kontrollieren. Zur chemischen Bekämpfung siehe Seite 262.

Trauermückenlarven (Sciaridae)

🔍 Stecklinge bewurzeln nicht und sterben unter Fäulnis des Stängelgrundes ab [4]. Glasig weiße Larven mit schwarzer Kopfkapsel, etwa 7 mm lang im Stängel. Sie leben in feucht-humosem Substrat und dringen von dort in den Stängel ein. Gefährdet sind Stecklinge und Jungpflanzen in den ersten zwei bis drei Wochen.

☂ Aussaaten und Stecklinge direkt nach der Aussaat bzw. dem Stecken mit insektenpathogenen Nematoden (*Steinernema feltiae*, z. B. Exhibit F 27), 250 000 Nematoden pro m², abgießen.

Kalifornischer Thrips (*Frankliniella occidentalis*)

🔍 Blattunterseits braune korkartige Schwielen [5]. Junge Blätter deformiert, Vegetationskegel verkrüppelt. Blüten mit Stippen, Blütenränder verbräunt. In den Blüten, besonders in den Staubgefäßen, starke Vermehrung der Thripse.

☂ Bestände sind mit Blautafeln auf Befall zu kontrollieren. Die Kontrolle ist bei Jungpflanzen besonders wichtig, da wenige Tiere zu Verkrüppelungen führen. Zur Tilgung eines Befalls ist der frühe, wiederholte Einsatz von Insektiziden erforderlich, siehe hierzu Seite 262.

Blattläuse (Aphididae)

🔍 Blätter kräuseln und vergilben, bei starkem Befall klebriger Honigtau auf den Blättern [3].

☂ Einzelkolonien der Läuse abschneiden und entfernen, biologische Pflanzenschutzmaßnahmen ergreifen (siehe Seite 263). Chemische Bekämpfung ebenfalls siehe Seite 259.

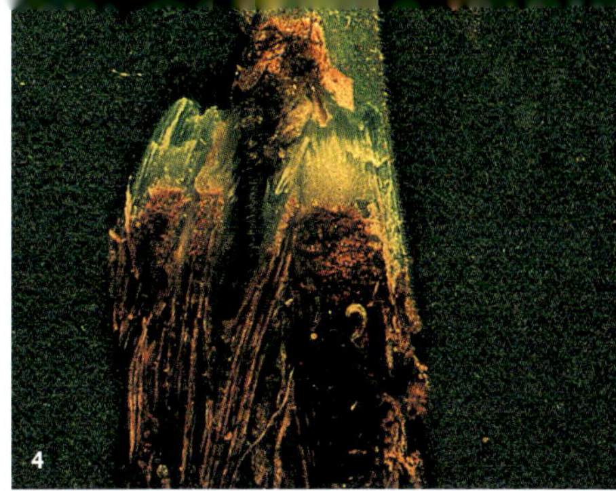

4

5

6

Raupen

🔍 An Blättern und Trieben Lochfraß [6], oft schwarzer Raupenkot auf den Blättern.

☂ Pflanzen besonders abends kontrollieren und Raupen absammeln. In größeren Beständen kann der Einsatz von

Pflanzenschutzmitteln erforderlich werden. Siehe Seite 260.

Weiße Fliege (*Trialeurodes vaporariorum, Bemisia tabaci*)

⚲ Besonders bei Edelpelargonien auf den Blattunterseiten 2–3 mm große Mottenschildläuse mit weißen Flügeln und ungeflügelten hellgelben Larvenstadien [1]. Die Flügel stehen bei *Bemisia* steiler dachförmig über dem Hinterleib als bei *Trialeurodes*. Bei stärkerem Befall vergilben die Blätter. Es entsteht ein klebriger Honigtaubelag.

☂ In Beständen Gelbtafeln zur Befallsüberwachung aufhängen. Siehe Seite 262.

Petunia, Petunie

Die Pflanzen benötigen humose, gut mit Nährstoffen versorgte und gleichmäßig feuchte Substrate mit einem pH-Wert von 6–6,5. Bei vegetativ vermehrten Petunien sind die Hygiene- und Desinfektionsmaßnahmen zur Stecklingsgewinnung sorgfältigst einzuhalten.

Virosen

⚲ An Petunien kommen mehrere Virosen vor, die Blattaufhellungen [2], Vergilbungen von Blattadern und Blättern sowie gestauchten Wuchs zur Folge haben.

☂ Kranke Pflanzen entfernen. Die Übertragung der Krankheit erfolgt häufig mit Blattläusen. Siehe Seite 256.

Blättrige Gallen (*Rhodococcus fascians*)

⚲ Fleischig verdickte, helle Gallen am Stängel [3], oftmals unter der Erdoberfläche. Die Pflanzen werden nur wenig geschädigt.

Gallen entfernen und von den befallenen Pflanzen keine Stecklinge schneiden. Kulturgefäße und Substrat für die Pelargonien-Kultur nicht wieder verwenden.

Echter Mehltau (*Oidium* sp.)

Auf den Blattober- und Blattunterseiten sowie auch an den Blattstielen entsteht ein mehlig weißer Belag [4]. Auch die Blüten werden befallen. Unter dem Belag ist das Gewebe braun verfärbt.

Zur chemischen Bekämpfung siehe Seite 257.

Kalifornischer Thrips (*Frankliniella occidentalis*)

Junge Blätter deformiert, Vegetationskegel verkrüppelt [5]. Blüten mit Stippen, Blütenränder verbräunt. In den Blüten, besonders in den Staubgefäßen, starke Vermehrung der Thripse.

Befallene Pflanzenteile beseitigen. Bestände mit Blautafeln auf Befall kontrollieren. Die Kontrolle ist bei Jungpflanzen besonders wichtig, da bereits wenige Tiere zu Verkrüppelungen führen. Zur Tilgung eines Befalls ist der frühe, wiederholte Einsatz von Insektiziden erforderlich, siehe Seite 262.

Weitere Krankheiten und Schädlinge:

Botrytis-Grauschimmel siehe Seite 19
Phytophthora-Stammgrundfäule siehe Seite 58
Blattläuse siehe Seite 61
Schnecken siehe Seite 45

4

5

Phlox, Phlox

Niederschlagsreiche Standorte mit ausreichender Sommerfeuchtigkeit und nährstoffreichen Böden mit einem pH-Wert von 5,5–7 sind für die Kultur gut geeignet. In Trockenperioden ist der Boden häufiger zu lockern und zu wässern.

Kräuselkrankheit (tobacco necrosis virus)

Die Blätter sind gekräuselt und mosaikartig aufgehellt, teilweise mit dunklen

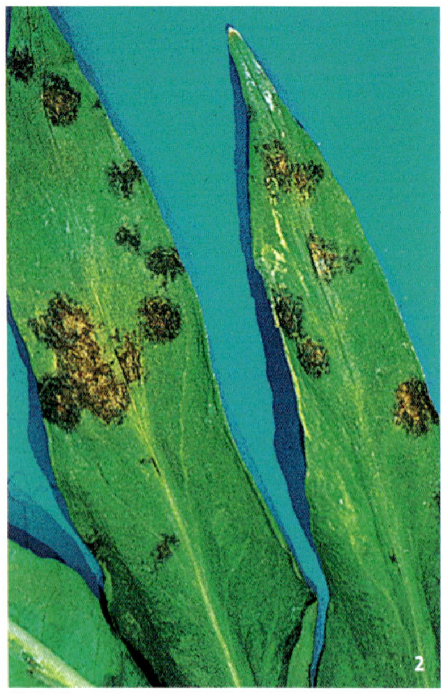

Flecken. Die Blattadern sind gebräunt. Der Stängel ist verdickt und gestaucht, mit Längsstreifen und Aufrissen. Vergleiche auch Stängelälchen.
☂ Kranke Pflanzen entfernen. Siehe Seite 256.

Phoma-Stängelfäule und Triebsterben (*Phoma phlogis*)
🔍 Am Stängelgrund entsteht eine graubraune Verfärbung, darauf entwickeln sich schwarze Fruchtkörper. Befallene Triebe sterben ab.
☂ Befallene Pflanzen beseitigen.

Verticillium-Welke (*Verticillium alboatrum*)
🔍 Zunächst einseitige Welke der Blätter und Triebe. Blätter bleiben vertrocknet am Stängel hängen. Die Gefäßbündel im Stängelquerschnitt sind braun verfärbt. Die Wurzeln sind gesund.
☂ Befallene Pflanzen beseitigen. Keine für *Verticillium* anfälligen Pflanzen nachpflanzen.

Ascochyta-Krankheit (*Ascochyta* sp.)
🔍 Stängel vergilben und sterben ab. Die Blattflecken ähneln der *Septoria*-Erkrankung. Das Krankheitsbild ist auch mit Stängelälchen zu verwechseln.
☂ Jungpflanzen sorgfältig auf Befall kontrollieren. Befallene Pflanzen beseitigen. Auf befallenen Flächen keinen Phlox nachpflanzen.

Echter Mehltau (*Erysiphe cichoracearum*)
🔍 Auf den Blattober- und Blattunterseiten sowie auch an den Blattstielen entsteht ein mehlig weißer Belag [1]. Unter

3

dem Belag ist das Gewebe braun verfärbt.

☂ Zur chemischen Bekämpfung siehe Seite 257.

Septoria-Blattfleckenkrankheit

(*Septoria phlogis*)

⚲ Auf den Blättern rotviolette Flecken mit verwaschenem Rand. Die Flecken trocknen ein und hellen auf [2]. Auf den Flecken sind die schwarzen Fruchtkörper deutlich zu erkennen.

☂ Befallene Blätter entfernen, nicht zu eng pflanzen. Die Pflanzen nicht zu üppig mit Stickstoff versorgen. Größere Bestände bei Befallsgefahr in Schlechtwetterperioden behandeln. Siehe Seite 257.

Blatt- und Stängelälchen (*Aphelenchoides fragariae, A. ritzemabosi, Ditylenchus dipsaci*)

⚲ Der Wuchs der Pflanzen ist gestaucht. Die Stängel verkrümmen, sie sind verdickt, brüchig und teilweise in der Längsrichtung aufgerissen. Die Blätter sind gewellt, gekräuselt und sehr schmal [3]. Bei Blattälchen-Befall ist der Wuchs gehemmt, die Triebspitzen verkrümmen sich, werden gelb und sterben ab.
Die Nematoden leben im Blatt- bzw. Stängelgewebe, sie können sich bei häufiger Blattbenetzung in dem Wasserfilm an der Pflanze rasch verbreiten.

☂ Befallene Pflanzenteile entfernen. Nicht zu feuchte Standorte wählen und die Kulturführung trocken gestalten. Blattbenetzung ist zu vermeiden. Keine Pflanzenteile von kranken Pflanzen für Vermehrungen verwenden.

Weitere Krankheiten und Schädlinge:
Wurzelälchen siehe Seite 116

Platycodon grandiflorus, Großblütige Ballonblume

Ideal für diese Pflanzen ist ein sonniger oder halbschattiger und regengeschützter Standort. Bei starker Sonneneinstrahlung färben sich weiße Blüten dunkel, sie sollten im Halbschatten stehen! Der Boden sollte nährstoffreich und durchlässig sein.

Thripse

⚲ Länglich weiße Blattflecken mit schwarzen Kottröpfchen (siehe Bild [1] Seite 140).

☂ Bekämpfung siehe Seite 262.

Spinnmilben

Kleine helle Saugstellen, die zu flächigen Aufhellungen zusammenfließen [2]. Blattunterseits gelbliche Larven, Eier und achtbeinige adulte Milben mit der Lupe erkennbar.

Bekämpfung siehe Seite 261.

Primula, Primel

Die Pflanzen lieben helle, luftige und kühle Standorte. Sie sind jedoch empfindlich gegenüber zu niedrigen Temperaturen und stauender Nässe. Das Substrat sollte humos sein und einen pH-Wert von 6–7 aufweisen. Vorsicht bei der Verwendung von frischem Kompost. Die Pflanzen sind salzempfindlich, daher nur durchgewurzelte Pflanzen mäßig düngen.

Nichtparasitäre Schäden

Kleine, von den Blattadern begrenzte helle Flecken, oftmals auf den Blattrand beschränkt [3]. Ursache: zu niedrige Temperatur, zu nasser Standort, durch Verdunstungskälte oft nur am Blattrand.

Pflanzen vergilben oder werden weiß. Der Blattrand verbräunt.
Ursache: zu hoher Salzgehalt des Bodens oder kurzfristige Ballentrockenheit.

Virosen

An Primeln kommen mehrere Virosen vor, die Blattaufhellungen, Vergilbungen, gelbliche Scheckungen und Nekrosen sowie Kümmerwuchs zur Folge haben 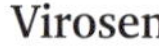.

Kranke Pflanzen entfernen. Die Viren können durch Insekten, aber auch durch Bodenpilze übertragen werden. Siehe Seite 256.

Blütenverlaubung (Phytoplasmen)

Die Blüten sind verzwergt, vergrünt. Die Pflanzen vergilben [5].

Kranke Pflanzen entfernen. Die Krankheit kann durch Insekten übertragen werden. Siehe Seite 256.

Bakterielle Blattflecken (*Acidovorax* sp.)

Besonders in den Wintermonaten treten, oftmals von der Blattspitze ausgehende, häufig dreieckige Nekrosen auf [6].

Bakterielle Blattflecken (*Pseudomonas* sp.)

Schwarzbraune Verfärbungen der Blattmittelrippen an untersten Blättern. Das umgebende Gewebe wird erst chlorotisch, später nekrotisch. An jungen Blättern entstehen dunkle Flecken [7].

Kranke Pflanzenteile entfernen. Für rasche Abtrocknung oberirdischer Pflanzenteile sorgen. Eine direkte Bekämpfung der Bakterien ist nicht möglich, siehe auch Seite 256.

Phytophthora-Wurzelhalsfäule (*Phytophthora primulae*)

Pflanzen welken. Vom Wurzelhals geht eine Fäulnis auf den Wurzelansatz über [8].

Kranke Pflanzen und anhaftende Erde großzügig beseitigen. Für guten Wasserabzug des Bodens sorgen. In Beständen bei beginnendem Befall mit einem Fungizid gießen. Siehe auch Seite 258.

5

6

7

8

1

2

3

4

Wurzel- und Stammfäule (*Mycocentrospora acerina*)

Von den äußeren Blättern geht eine rasch fortschreitende Vergilbung aus [1]. Im weiteren Verlauf fault der Stammgrund, die Pflanze welkt plötzlich und stirbt ab. Die Wurzeln der Pflanzen weisen rötliche Verfärbungen auf. Der Pilz breitet sich bei relativ niedrigen Temperaturen im Winter noch aus. Die Symptome erscheinen plötzlich im Frühjahr bei starker Sonneneinstrahlung.

Kranke Pflanzen sofort entfernen. Stellfläche wechseln, Kulturgefäße nicht wieder für Primeln verwenden.

Stängelgrund-, Blatt- und Blütenfäule (*Botrytis cinerea*)

Das Gewebe wird wässrig und weichfaul, bei hoher Luftfeuchte entsteht ein grauer Sporenrasen [2]. Besonders im Herbst und im Frühjahr, wenn nach Frostperioden feuchtwarme Witterung einsetzt.

Alte Blätter und abgestorbenes Pflanzengewebe aus dem Bestand entfernen. In den Wintermonaten in Kulturräumen trocken kultivieren, Luftfeuchte herabsetzen, Taupunkttemperatur in der Nacht nicht unterschreiten. Zur chemischen Bekämpfung siehe Seite 258.

Ovularia-Blattflecken (*Ovularia primulae*)

Die Krankheit ist der *Ramularia* eng verwandt. Auf den Befallsstellen entsteht jedoch ein weißer Sporenbelag [3].

Befallene Blätter beseitigen. Für rasches Abtrocknen des Laubes sorgen.

Ramularia-Blattflecken (*Ramularia primulae*)

Graubraune Blattflecken mit gelbem Rand [4]. Blattunterseits entsteht auf den Flecken bei hoher Luftfeuchte ein weißer Sporenbelag.

Bekämpfung siehe *Ovularia*.

Freilebende Wurzelälchen (*Pratylenchus pratensis*)

Wachstum der Pflanzen verkümmert, der Austrieb ist schwach [5].

Kranke Pflanzen mit anhaftender Erde sorgfältig entfernen. Boden auf Wurzelnematoden [6] untersuchen lassen. Keine anfälligen Pflanzen nachpflanzen.

Eine gewisse Bekämpfung ist durch Anpflanzung von *Tagetes* möglich.

Wurzelgallenälchen (*Meloidogyne incognita*)

Pflanzen kümmern, an den Wurzeln entwickeln sich perlschnurartige Anschwellungen [7].

Kranke Pflanzen beseitigen. Keine anfälligen Pflanzen nachpflanzen.

Spinnmilben (*Tetranychus urticae*)

Blätter werden fahlgrün, vergilben, verbräunen und vertrocknen. Teilweise auch weißgelbe Sprenkel [8], später flächige Aufhellungen und Vertrocknen der Blätter. Die 0,2–0,5 mm großen Milben leben blattunterseits im Schutz zarter Gespinste.

Befallene Pflanzenteile entfernen. Hohe Temperaturen und trockene Luft fördern den Befall. Zur Bekämpfung siehe Seite 261.

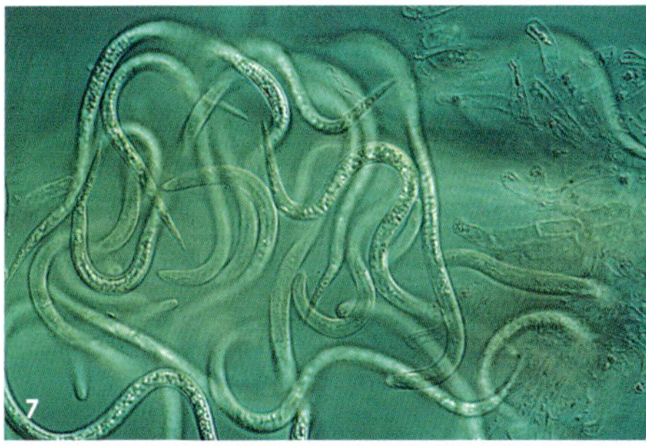

1

2

3

Weichhautmilben (Tarsonemidae)

Besonders bei Jungpflanzen treten an jüngsten Blättern Verkrüppelungen und Verhärtungen auf [1]. Die Blattränder sind oftmals nach unten gebogen. An Blattstielen mitunter grindig braune Verkorkungen.

Die Entwicklung der 0,3 mm großen, glasig weißen Milben ist unter feuchtwarmen Bedingungen begünstigt.

Mutterpflanzen sind ständig auf Befall zu kontrollieren. Zur chemischen Bekämpfung siehe Seite 262.

Dickmaulrüssler (*Otiorhynchus sulcatus*)

Das Auftreten der Käfer [2] ist am Buchtenfraß an den Blättern zu erkennen. Den eigentlichen Schaden verursachen die Larven durch Fraß an den Wurzeln. Die Larven sind weiß mit brauner Kopfkapsel, bauchseits gekrümmt und bis zu 12 mm groß.

Der Einsatz insektenpathogener Nematoden (*Steinernema carpocapsae* oder *Heterorhabditis* sp.) hat sich bewährt. Je nach Befallsstärke werden 250 000–500 000 Nematoden pro m^2 bzw. 4 000 Nematoden pro Liter Substrat gegossen.

Die Bodentemperatur muss mindestens 13 °C betragen, auf gleichmäßige Bodenfeuchte ist zu achten.

Eulenraupen (Noctuidae)

Fraßschäden an Blättern [3], Blattstielen und Wurzelhals, oftmals schwarzer Kot der Raupen auf den Blättern.

Pflanzen besonders abends kontrollieren und Raupen absammeln. In größeren Beständen kann der Einsatz von Pflanzenschutzmitteln erforderlich werden. Siehe Seite 135.

4

Wurzelläuse (*Pemphigus* sp.)

🔍 Das Wachstum ist gehemmt, einzelne Blätter vergilben. An den Wurzeln sind graue Läuse [4].

☂ Stark befallene Pflanzen beseitigen.

5

Wiesenschnakenlarven (*Tipula paludosa*)

🔍 Schmutzig-graue, bis 4 cm lange, walzenförmige beinlose Larven fressen an Wurzeln und Stammgrund [5]. Am Hinterende tragen die Larven 6 typische, fleischige Zapfen.

☂ Larven absammeln. Frische, humose Substrate werden von den Schnaken zur Eiablage angeflogen, diese Substrate durch Netze schützen.

6

Minierfliegen (*Liriomyza huidobrensis*)

🔍 An den Blättern zunächst viele kleine gelbe Einstichstellen, später helle Miniergänge in den Blättern [6]. Die dunkelbraunen Puppen der Fliege liegen auf den Blättern und fallen in den Boden.

☂ Jungpflanzen beim Kauf sorgfältig auf Befall kontrollieren. Befallene Blätter rechtzeitig entfernen, ehe sich Puppen entwickeln. In geschlossenen Kulturräumen ist eine sehr effektive Bekämpfung mit Schlupfwespen (*Dacnusa*, *Diglyphus*) möglich.

7

Kalifornischer Thrips (*Frankliniella occidentalis*)

🔍 Blüten durch die Saugtätigkeit der Thripse mit Stippen aufgehellt und mit dunklen Kottropfen. Blütenränder teilweise verbräunt [7]. In den Blüten, beson-

ders in den Staubgefäßen starke Vermehrung der Thripse.

⛉ Befallene Pflanzenteile beseitigen. Bestände mit Blautafeln auf Befall kontrollieren. Die Kontrolle ist bei Jungpflanzen besonders wichtig, da bereits wenige Tiere zu Verkrüppelungen führen. Zur Tilgung eines Befalls ist der frühe, wiederholte Einsatz von Insektiziden erforderlich, siehe Seite 262.

Blattälchen (*Aphelenchoides fragariae*)

⚲ Zunächst gelbe, später braune, eckige Blattflecken, von den Blattadern scharf begrenzt [1].

Die Nematoden leben im Blattgewebe, sie können sich bei häufiger Blattbenetzung im Wasserfilm auf dem Blatt und an der Pflanze rasch verbreiten.

⛉ Befallene Pflanzenteile entfernen und die Kulturführung trockener gestalten. Eine Blattbenetzung ist zu vermeiden. Keine Pflanzenteile von kranken Pflanzen für Vermehrungen verwenden.

Schnecken

⚲ Schabe- und Fensterfraß, es entstehen Löcher im Blatt. Auf den Blättern oft silbrige Schleimspuren [2].

⛉ Feuchtigkeit im Bestand verringern, bei Einzelpflanzen Schnecken absammeln (möglichst nachts). Je nach Befallsstärke können Schneckenkorn, Schneckenband oder Schneckenstaub eingesetzt werden.

Weitere Krankheiten und Schädlinge:

Wurzelbräune siehe Seite 30
Blattläuse siehe Seite 61
Weiße Fliege siehe Seite 41/42

Ranunculus, Ranunkel

Ranunkeln bevorzugen einen halbschattigen, feuchten, nicht zu nassen, durchlässigen Standort. Bei lehmigem Boden ist, um Staunässe zu verhindern, eine Schicht aus Sand oder Kies zur Dränage einzubringen.

4

Wurzelfäule (*Pythium* sp.)

⚲ Wurzeln weichfaul und dunkel verfärbt [3].

☂ Pflanzen trockener kultivieren, Staunässe vermeiden.

Echter Mehltau (*Erysiphe* sp.)

⚲ Zunächst nur Aufhellungen, später weißlich mehlige Blattflecken [4], wechselnde Blattfeuchte bei zunehmenden Temperaturen fördern den Befall.

☂ Bekämpfung siehe Seite 257.

5

Grauschimmel – Trieb- und Blattsterben (*Botrytis cinerea*)

⚲ Stängelgrund und Triebe sind grau verfärbt, bei hoher Luftfeuchtigkeit entsteht auf befallenen Pflanzenteilen ein grauer Schimmelbelag, der sich bei anhaltender Feuchte rasch ausbreitet [5].

☂ Pflanzen nicht zu tief topfen, Luftfeuchte herabsetzen, für rasches Abtrocknen der Pflanzen sorgen, Pflanzen trockener kultivieren.

Ramularia-Blattflecken (*Ramularia didyma*)

⚲ Grauweiße Blattflecken mit lilaschwarzem Rand, größere Flecken reißen auf [6]. Wechselnde Blattfeuchte fördert den Befall.

☂ Bekämpfung siehe Seite 257.

6

Scaevola aemula, Spaltglocke

Kulturgefäße vor der Pflanzung gründlich reinigen. Für guten Wasserablauf sorgen, damit keine Staunässe in den Gefäßen auftreten kann. Möglichst ungebrauchtes Substrat verwenden, mit reichlichen Anteilen an Torf und Ton, damit die Struktur der Erde erhalten bleibt.

Verticillium-Welke (*Verticillium alboatrum*)
⚲ Zunächst einseitige Welke der Blätter. Blätter bleiben vertrocknet am Stängel hängen. Die Gefäßbündel im Stängelquerschnitt sind braun verfärbt. Die Wurzeln sind gesund 1.
☂ Befallene Pflanzen beseitigen. Keine für *Verticillium* anfälligen Pflanzen nachpflanzen.

Grauschimmel (*Botrytis cinerea*)
⚲ Das Gewebe wird wässrig und weichfaul, bei hoher Luftfeuchte entsteht ein grauer Sporenrasen, siehe Bild 5 Seite 19. Tritt besonders im Herbst und Frühjahr auf, wenn nach Frostperioden feuchtwarme Witterung einsetzt.
☂ Alte Blätter und abgestorbenes Pflanzengewebe aus dem Bestand entfernen. In den Wintermonaten in Kulturräumen trocken kultivieren, Luftfeuchte herabsetzen, nachts die Kondensation der Luftfeuchte an den Blättern vermeiden (Taupunkttemperatur nicht unterschreiten). Zur chemischen Bekämpfung siehe Seite 258.

Blütenthrips (*Frankliniella occidentalis*)
🔎 Junge Blätter deformiert, Vegetationskegel verkrüppelt. Blüten mit Stippen, Blütenränder verbräunt. In den Blüten, besonders in den Staubgefäßen, starke Vermehrung der Thripse [2].
☂ Befallene Pflanzenteile beseitigen. Bestände mit Blautafeln auf Befall kontrollieren. Die Kontrolle ist bei Jungpflanzen besonders wichtig, da bereits wenige Tiere zu Verkrüppelungen führen. Zur Tilgung eines Befalls ist der frühe, wiederholte Einsatz von Insektiziden erforderlich (siehe Seite 262).

Sutera, Schneeflockenblume siehe Bacopa

Veronica, Hebe, Ehrenpreis

Pflanzen bevorzugen einen lockeren, gut durchlässigen Boden, der nicht zu Verdichtung oder Staunässe neigt. Ideal ist ein schattiger und kühler Standort, geschützt vor direkter Sonneneinstrahlung, kaltem Wind oder starkem Regen durch andere Gewächse oder Mauern.

Falscher Mehltau (*Peronospora* sp.)
🔎 Blätter werden fahlgrün, Blattoberseiten aufgehellt [3]. Blattunterseits bildet sich ein schmutzig grauer Pilzsporenrasen.
☂ Bekämpfung siehe Seite 259.

3

4

Viola, Veilchen, Stiefmütterchen

Die Pflanzen sind anspruchslos. Der Boden sollte nicht zu schwer sein und auch nicht zu Vernässungen neigen. Der pH-Wert ist auf 6–7 einzustellen. Besonders Jungpflanzen sind nur mäßig zu düngen.

1

2

3

Gurkenmosaik-Virus (cucumber mosaic virus)

⚲ Der Wuchs der Pflanzen ist gedrungen, das Blattgewebe gewellt, teilweise unregelmäßig vergilbt mit einzelnen Läsionen. Die Blüten sind missgestaltet mit Farbbrechungen (siehe Bild 4 Seite 149).

☂ Kranke Pflanzen entfernen. Das Virus wird besonders in warmen Herbstwochen durch Blattläuse übertragen. Siehe Seite 256.

Bakterielle Blattflecken (*Pseudomonas* sp.)

⚲ Zunächst nur kleine, gelbe, ölig-durchscheinende Flecken, später braunschwarze, sich rasch vergrößernde Blattflecken mit ölig-durchscheinendem Rand 1, die oft erst im Spätsommer oder im Herbst auftreten und bei feuchtwarmer Witterung noch starke Schäden verursachen können. Die Krankheit kann mit *Mycocentrospora*-Blattflecken verwechselt werden.

☂ Kranke Pflanzen rasch entfernen. Im Herbst und im Frühjahr kann die Ausbreitung der Bakterien durch Spritzbehandlungen mit Kupferoxychlorid nach starken Regenfällen eingeschränkt werden.

Wurzelbräune (*Thielaviopsis basicola*)

⚲ Blätter vergilben, ältere Blätter verbräunen vom Blattrand her. Die Wurzeln sind infolge einer Trockenfäule braun verfärbt 2, daran sind oft kurze weiße Wurzeln. Die Krankheit tritt besonders bei der Topfkultur auf.

☂ Schlechte Bodenstruktur und ungünstige pH-Werte fördern den Befall. Salzgehalt des Substrates prüfen, nur mit geringen Konzentrationen düngen, häufiger, aber nicht zu stark gießen.

Wurzel- und Stammfäule

(*Mycocentrospora acerina*)

🔍 Blauschwarze, runde Blattflecken [3]. Die Flecken bräunen sich von der Mitte her. Mit *Pseudomonas*-Blattflecken zu verwechseln.

☂ Kranke Pflanzen sofort entfernen. Stellfläche wechseln, Kulturgefäße desinfizieren. Der Pilz kann mit seinen Dauerkörpern mehrere Jahre im Boden überdauern.

Stängelgrund- und Wurzelhalsfäule

(*Phytophthora cactorum*)

🔍 Die untersten Blätter verfärben sich bläulich oder vergilben. Pflanzen welken. Vom Stängelgrund geht eine Fäulnis aus [4].

☂ Kranke Pflanzen und anhaftende Erde großzügig beseitigen. Keine für *Phytophthora* anfälligen Pflanzen nachpflanzen. Für guten Wasserabzug des Bodens sorgen. Bei beginnendem Befall Pflanzenbestände mit einem Fungizid gießen. Siehe Seite 258.

Echter Mehltau (*Erysiphe* sp.)

🔍 Auf den Blattober- und Blattunterseiten sowie auch an den Blattstielen entsteht ein mehlig weißer Belag [5]. Auch die Blüten werden befallen. Unter dem Belag ist das Gewebe braun verfärbt.

☂ Zur chemischen Bekämpfung siehe Seite 257.

Falscher Mehltau (*Peronospora violae*)

🔍 Blattoberseits bleiche Stellen, teilweise mit verhärtetem Gewebe [6], blattun-

4

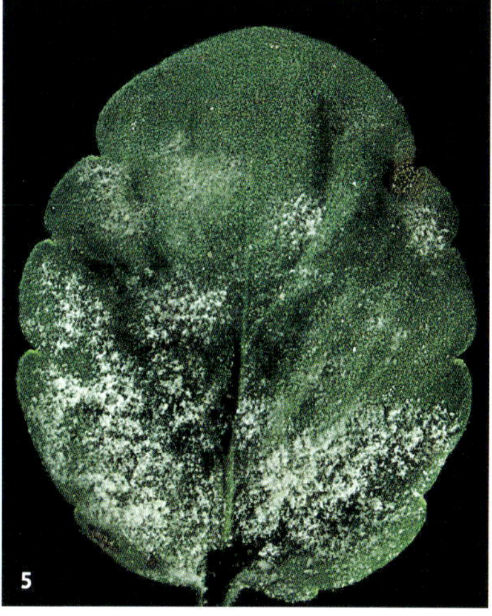
5

6

terseits ein schmutzig weißer Sporenbelag.

In Kulturräumen Luftfeuchte kontrollieren, nachts die Taupunkttemperatur nicht unterschreiten, häufiges Befeuchten der Blätter vermeiden. Bei ausgepflanzten Beständen für gute Belüftung der Pflanzen sorgen.

Kranke Pflanzenteile möglichst entfernen. In Beständen bei beginnendem Befall mit einem Pflanzenschutzmittel spritzen. Siehe Seite 258.

Grauschimmel (*Botrytis cinerea*)

Das Gewebe wird wässrig und weichfaul, bei hoher Luftfeuchte entsteht ein grauer Sporenrasen [1]. Besonders im Herbst und im Frühjahr, wenn nach Frostperioden feuchtwarme Witterung einsetzt.

Alte Blätter und abgestorbenes Pflanzengewebe aus dem Bestand entfernen. In den Wintermonaten in Kulturräumen trocken kultivieren, Luftfeuchte herabsetzen, Taupunkttemperatur in der Nacht nicht unterschreiten. Pflanzen nicht bei Regen ausgraben und nicht zu lange und zu dicht in Kisten lagern. Zur chemischen Bekämpfung siehe Seite 258.

Ramularia-Blattflecken
(*Ramularia* sp.)

Hellgelbe bis bräunliche Blattflecken. Sie vergrößern sich rasch, werden hellbraun pergamentartig und breiten sich über das gesamte Blatt aus [2].

Befallene Blätter möglichst beseitigen. Für rasches Abtrocknen des Laubes sorgen.

Rost (*Puccinia violae*) **an Viola odorata**

Blattaufhellungen, später gelbe bis braune Flecken, blattunterseits braune Rostsporenlager [3].

Kranke Pflanzenteile bei beginnendem Befall absammeln und entsorgen. Zur chemischen Bekämpfung siehe Seite 257.

Spinnmilben (*Tetranychus urticae*)

Auf Blättern weißgelbe Sprenkel [4], später flächige Aufhellungen und Vertrocknen der Blätter. Die 0,2–0,5 mm großen Milben leben blattunterseits im Schutz zarter Gespinste.

Befallene Pflanzenteile entfernen. Hohe Temperaturen und trockene Luft fördern den Befall. Zur Bekämpfung siehe Seite 261.

Erdraupen (*Agrotis* u. a.)

Im Boden leben 4–5 cm lange dicke, nackte graubraune Raupen [5]. Sie fressen nachts an Blättern und Stielen. Ziehen die Pflanzen teilweise in den Boden hinein.

Raupen absammeln.

Blattrollmücken (*Dasyneura affinis*) [6]

Junge Blätter sind eingerollt und zu bleichgrünen Gallen verdickt [7]. Die Gallen werden brüchig, verbräunen und vermorschen.

Gallen abpflücken. Bei größeren Beständen sind bei beginnendem Befall Insektizid-Behandlungen erforderlich.

Weitere Krankheiten und Schädlinge:

Pythium-Wurzelfäule siehe Seite 14
Blattläuse siehe Seite 61
Schnecken siehe Seite 45

Zinnia, Zinnie

Das humose, durchlässige Substrat sollte einen pH-Wert von 6–7,5 aufweisen. Geeignet sind helle, gleichmäßig feuchte Standorte. Nicht zu stark düngen, da die Pflanzen sonst anfällig werden und die Stiele leicht abknicken.

Virosen

🔍 An Zinnien kommen mehrere Virosen vor, die mosaikartige Blattaufhellungen, Vergilbungen, Blattadernverbänderungen, Blütenfarbbrechungen sowie dunkelgrüne Blattflecken und Nekrosen zur Folge haben [1] [2].

☂ Kranke Pflanzen entfernen. Die Übertragung der Krankheit erfolgt häufig durch Blattläuse und Thripse. Siehe Seite 256.

Alternaria-Blattflecken (*Alternaria zinniae*)

🔍 Graubraune Flecken mit purpurfarbenem Rand, in der Mittelzone mit hellolivbraunem Sporenbelag [3]. Später gehen die Flecken ineinander über. Befallene Blätter, Blüten und Triebe sterben ab. Bei Keimlingen wird auch eine Stängelgrundfäule verursacht.

☂ Kranke Pflanzenteile beseitigen, Luftfeuchte niedrig halten, Blätter nicht zu oft befeuchten. Zur chemischen Bekämpfung siehe Seite 257.

Raupen

🔎 An den Blättern Lochfraß [4], oft schwarzer Raupenkot auf den Blättern.

☂ Pflanzen besonders abends kontrollieren und Raupen absammeln. In größeren Beständen kann der Einsatz von Pflanzenschutzmitteln erforderlich werden. Siehe Seite 260.

Sclerotinia-Stängelfäule (*Sclerotinia sclerotiorum*)

🔎 Pflanzen welken, an den Stängeln braune Flecken [5], im Stängel weißes, watteartiges Myzel, darin oft schwarze Dauerkörper (Sklerotien).

☂ Befallene Pflanzen entfernen. Bei Beständen die übrigen Pflanzen mit Rovral behandeln.

Weitere Krankheiten und Schädlinge:

Rhizoctonia-Stängelgrundfäule siehe Seite 40
Blattläuse und Thripse siehe Seiten 61, 16
Schnecken siehe Seite 45
Spinnmilben siehe Seite 120

3

4

5

Krankheiten und Schädlinge an Ziergehölzen

Acer, Ahorn

Die zahlreichen Arten mit unterschiedlichen Wuchsformen haben verschiedene Standortansprüche. Während *A. platanoides* hart und industriefest, teilweise auch trockenresistent ist, sollte *A. palmatum* nur auf guten, durchlässigen Böden mit niedrigem pH-Wert in halbschattiger Lage gepflanzt werden. Vor Anpflanzungen ist die Eignung der jeweiligen Art, z. B. als Straßenbaum oder als Kübelpflanze, zu klären.

1

2

Nichtparasitäre Blattrandnekrosen

Blätter werden vom Blattrand her braun, rollen ein und sterben ab. Besonders empfindlich ist *Acer palmatum* [1]. Ursache: Zu hoher Salzgehalt des Bodens oder zu stark schwankende Bodenfeuchte.

Blattflecken (*Diplodia acerina*)

Auf den Blättern entstehen hellbraune, runde Flecken.

Blattflecken (*Didymosporina aceris*)

Unregelmäßig braune Flecken am Blattrand und auf der Blattfläche. Das nekrotische Gewebe reißt auf.

Teerflecken (*Rhytisma acerina*)

Zunächst gelbliche Blattflecken, später dicke, schwarz glänzende, zusammenfließende Flecken mit gelbem Rand [2].

Befallene Blätter umgehend beseitigen. Für eine gute Belichtung und Belüftung der Pflanzen sorgen. Dicht gewachsene Pflanzungen auslichten.

Blattbräune (*Pleuroceras pseudoplatani*)

Hellbraune Blattflecken mit dunklem Rand. Sie werden 2–5 cm groß. Die Adern verfärben sich dunkel [3]. Auf den Adern entstehen kleine Fruchtkörper.

Bei hoher Luftfeuchtigkeit und anderweitigen Schädigungen des Blattes kommt es zu einer rascheren Ausbreitung der pilzlichen Erkrankung. Befallene Pflanzenteile möglichst entfernen. Für ein rasches Abtrocknen der Blätter und möglichst niedrige Luftfeuchte sorgen. Pflanzen im Herbst gut ausreifen lassen. Chemische Bekämpfung siehe Seite 257.

Verticillium-Welke (*Verticillium alboatrum*)

Zunächst einseitige Welke der Blätter einzelner Triebe. Die Gefäßbündel im Stammquerschnitt sind braun verfärbt [4]. Die Wurzeln sind gesund.

Befallene Pflanzen beseitigen. Keine für *Verticillium* anfälligen Pflanzen nachpflanzen.

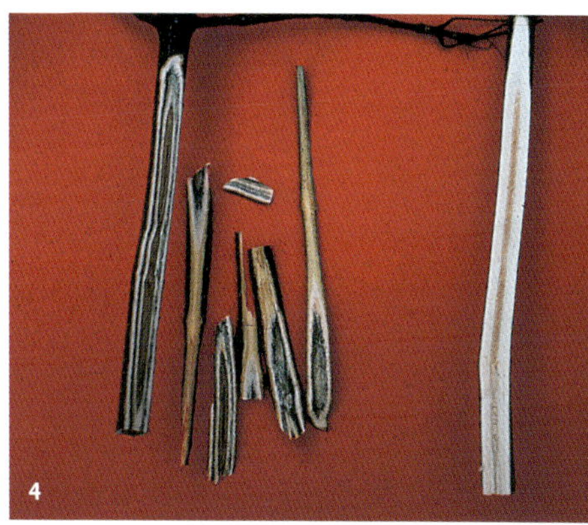

Rotpustelkrankheit (*Nectria cinnabarina*)

Auf Trieben, Ästen und Stämmen entstehen rosarote bis zinnoberrote, stecknadelkopfgroße Fruchtkörper des Pilzes [5]. Der Pilz siedelt sich auf totem Pflanzengewebe (Wunden) an und dringt von dort weiter in die Pflanze ein.

Abgestorbene Äste entfernen, kein befallenes Holz unter den Bäumen liegen lassen. Nach Rückschnitt der Pflanzen sollten die Wunden mit einem Wundverschlussmittel behandelt werden. Bei starkem Befallsdruck ist besonders im Herbst nach dem Blattfall eine Spritzung

mit einem Kupferpräparat zum Schutz der Blattnarben zu empfehlen.

Weitere Krankheiten und Schädlinge:
Echter Mehltau siehe Seite 192
Spinnmilben siehe Seite 120
Blattläuse siehe Seite 61
Gallmilben siehe Seite 161

Bambusa, Bambus

Der Standort für Bambus sollte wasserdurchlässig, sandig-lehmig und humusreich sein. Die Pflanzen haben einen erhöhten Nährstoffbedarf. Im Frühjahr sollte auf feuchtem Boden gedüngt werden, um ein gesundes Wachstum sicherzustellen. Vor der Pflanzung ist eine Rhizomsperre im Boden einzubauen.

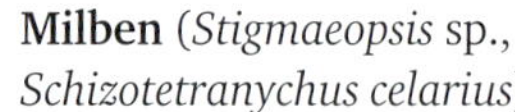
Milben (*Stigmaeopsis* sp., *Schizotetranychus celarius*)
Aufgetriebene helle Blattflecken, oftmals von den Blattadern begrenzt [1].
Beginnenden Befall durch Absammeln der Blätter beseitigen. Die sehr kleinen Tiere können vom Wind verbreitet werden. Daher ist bei Befall eine Behandlung aller Bambus mit einem Akarizid, wie z.B. Tebufenpyrad (Masai/Oscar) oder Dimethoat (Rogor/Perfektion), angeraten (siehe Seite 261).

Buxus, Buchsbaum

Das Substrat sollte locker und durchlässig, humusreich und leicht kalkhaltig sein. Die Pflanzen sind regelmäßig zu gießen und zu düngen (möglichst morgens und nicht über die Blätter), aber nicht zu nass zu halten. Nach August sollten die Pflanzen nicht mehr geschnitten werden. Während der Überwinterung dürfen die Wurzelballen nicht austrocknen.

Rostkrankheit (*Puccinia* sp.)

🔍 Blattunterseits, später auch blattoberseits braune Rostpusteln [2].
Die Pilzsporen werden durch die Luft verbreitet.

☂ Kranke Blätter rechtzeitig entfernen. Zur chemischen Bekämpfung siehe Seite 257.

Triebsterben (*Cylindrocladium buxicola*)

🔍 Zunächst einseitige, triebweise Verfärbungen, braune Flecken auf den Blättern, an Stängeln dunkle Streifen, es kommt zu starkem Blattfall. Bei hoher Feuchtigkeit ist unter den Blättern ein weißer Pilzrasen, der auch bei *Volutella* (siehe nachfolgend „Triebsterben") entsteht, sich dort jedoch bei weiterer Entwicklung lachsrosa verfärbt [3].

☂ Anhaltende Blattbefeuchtung besonders bei Temperaturen über 20 °C vermeiden. Durch windoffene Standorte für rasche Abtrocknung der Pflanzen sorgen. Befallene Blätter beseitigen, kranke Pflanzenteile herausschneiden. Bestände sollten bei beginnendem Befall mit Azoxystrobin (z.B. Ortiva, Rosen-Pilzfrei-Saprol) oder Thiabendazol (Tervanol F) behandelt werden.

3

4

Triebsterben (*Volutella buxi*)

🔍 Triebspitzen sterben ab, Blätter sind braun verfärbt, bei höherer Luftfeuchte blattunterseits orangerosa Sporenlager [4].

☂ Abgefallene Blätter entfernen. Kranke Pflanzenteile abschneiden. Pflanzen wiederholt mit Azoxystrobin oder Mancozeb behandeln.

Buchsbaumgallmücke (*Monarthropalpus buxi*) 1

🔍 Blattoberseits gelblich erhabene Flecken, blattunterseits beulig, blasig aufgetrieben. In den Gallen leben die etwa 2,5 mm großen, orangefarbenen Mückenlarven. Bei starkem Befall Blattfall.

☂ Befallene Pflanzenteile, auch abgefallenes Laub entfernen. Bei starkem Befall kann je nach Witterung in der Zeit von Mitte Mai bis Mitte Juni, wenn die Mücken schlüpfen, eine Insektizid-Behandlung erforderlich werden.

Buchsbaumfloh (*Psylla buxi*)

🔍 Die Blätter sind löffelartig nach oben eingerollt und aufgehellt. Die Larven leben unter Wachswolle und klebrigen Ausscheidungen 2.

☂ Befallene Pflanzenteile abschneiden. Bei starkem Befall kann eine Nachaustriebsspritzung mit einem Mineralöl erforderlich werden.

Buchsbaumzünsler (*Cydalima perspectalis*)

🔍 Die jungen Raupen fressen die obersten Gewebepartien der Blätter, sodass diese vertrocknen und weißlich aussehen 3. Eine Verwechslung nach Schnittmaßnahmen ist möglich. Die Blätter der Triebspitzen sind zusammengesponnen. Darin geschützt leben die jungen Raupen.

☂ Zusammengesponnene Raupennester entfernen und ältere Raupen absammeln. Bereits im zeitigen Frühjahr mit *Bacillus thuringiensis* gegen die Junglarven spritzen.

Gallmilben (*Acerina unguiculata*)

⚲ Die Knospen sind geschwollen und zu grau behaarten Gallen umgebildet [4]. Die austreibenden Blätter sind blasig aufgetrieben.

☂ Befallene Pflanzenteile abschneiden. Bei starkem Befall kann eine Nachaustriebsspritzung mit einem Mineralöl erforderlich werden.

Weitere Krankheiten und Schädlinge:
Volutella-Triebsterben, Laboruntersuchung erforderlich
Schildläuse siehe Seite 178
Spinnmilben siehe Seite 194

4

Chamaecyparis, Scheinzypresse

Die Pflanzen sind sehr anpassungsfähig. Mäßig trockene bis feuchte, sandig-humose, kiesig oder lehmige Böden mit saurer bis alkalischer Reaktion können als Standort dienen. Reine Sand- oder Tonböden sind ungeeignet. Der Salzgehalt des Bodens sollte nicht zu hoch sein. Bei Luft- oder Ballentrockenheit kümmern die Pflanzen. Gegen kalte Ostwinde sollten sie geschützt werden.

5

Wurzelfäule (*Phytophthora cinnamomi*)

⚲ Anfangs welken einzelne Triebspitzen, später welkt die ganze Pflanze, sie wird stumpfgrau, vertrocknet und verbräunt [5]. Die Wurzeln faulen von der Wurzelspitze ausgehend, der Wurzelballen ist verbräunt, während der Wurzelhals zu Beginn der Krankheit noch keine Verbräunung aufweist.

☂ Kranke Pflanzen und anhaftende Erde großzügig beseitigen. Keine für *Phytophthora* anfälligen Pflanzen nachpflanzen. Für guten Wasserabzug des Bodens sorgen. Bei beginnendem Befall Bestände mit einem Fungizid gießen. Siehe Seite 258.

1

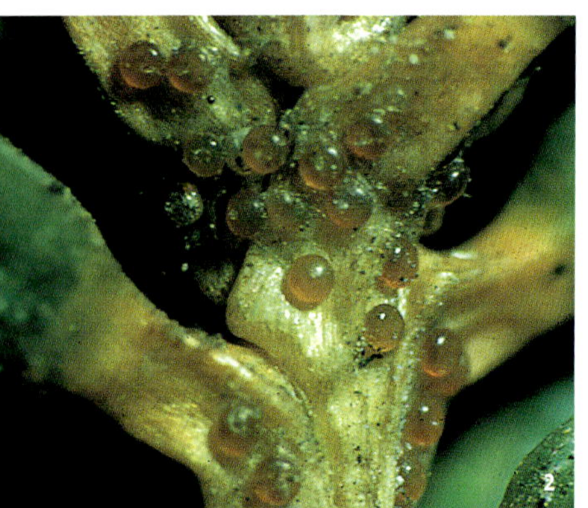
2

3

Zweigsterben (*Kabatina thujae*)

Besonders an schattigen Standorten oder bei schlechtem Abtrocknen der Pflanzen kann es zu Vergilbungen und Verbräunungen einzelner Triebe durch *Kabatina* oder *Botrytis* kommen [1]. Auch nichtparasitäre Ursachen, wie z. B. Magnesiummangel, können ein Verfärben einzelner Zweigpartien verursachen.

Befallene Pflanzenteile entfernen. Umgebenden Pflanzenbestand auslichten, damit die Pflanzen schneller abtrocknen können. Nichtparasitäre Ursachen durch eine Bodenuntersuchung klären.

Nadelholzspinnmilbe (*Oligonychus ununguis*)

Auf Blättern weißgelbe Sprenkel, später flächige Aufhellungen und Vertrocknen der Blätter und Blattfall. Die 0,2–0,5 mm großen Milben leben blattunterseits im Schutz zarter Gespinste [2].

Befallene Pflanzenteile entfernen. Hohe Temperaturen und trockene Luft fördern den Befall. Zur Bekämpfung siehe Seite 261.

Thujaminiermotte (*Argyresthia thuiella*)

Mehrere kleine Triebspitzen werden braun und fallen leicht ab. An der Basis des verbräunten Triebes befindet sich ein kleines Bohrloch [3]. Im Trieb miniert die 3 mm lange Raupe der Motte.

Braune Triebspitzen abschneiden und entfernen. Bei starkem Befall kann der Einsatz eines Pyrethrum-Präparates zwischen Mitte Mai und Mitte Juni erforderlich werden.

Zweifarbiger Thujaborkenkäfer
(*Phloeosinus aubei*)
🔎 Die Pflanze kümmert und vergilbt. Die Symptomausprägung ist oftmals zunächst einseitig. Am Stamm sind Einbohrlöcher des Borkenkäfers und unter der Rinde das Fraßbild des Käfers deutlich sichtbar [4].
☂ Kranke Pflanzen möglichst umgehend entfernen.

Weitere Krankheiten und Schädlinge:
Blattläuse siehe Seite 195
Schildläuse siehe Seite 178
Wurzelälchen siehe Seite 116

4

Clematis, Waldrebe

Für die Pflanzung sollte ein gleichmäßig feuchter, alkalischer Boden in sonniger oder halbschattiger Lage gewählt werden. Stauende Nässe und Süd- bzw. Nordlagen unbedingt vermeiden. Bei sonnigen Lagen sollte besonders im Winter auf eine Schattierung des unteren Stammbereiches geachtet werden. Bei Nichtbeachtung der kulturtechnischen Voraussetzungen kann es zum nichtparasitären Clematissterben kommen.

Ringfleckenvirus
🔎 Im Blatt unregelmäßige, gelbe Ringmuster, Linien und Flecken.
☂ Kranke Pflanzen entfernen.

Welkekrankheit (nichtparasitär)
🔎 Pflanzen welken und sterben ab [5]. Häufig treten Pilze wie *Coniothyrium*, *Fusarium* oder *Verticillium* auf, die den Krankheitsverlauf beschleunigen.

5

1

2

⛉ Stammgrund besonders bei Spätfrösten vor Sonneneinstrahlung schützen. Weniger anfällige Sorten wählen; anfällig sind großblütige Hybriden von *C. × jackmanii*.

Blatt- und Stängelflecken (*Ascochyta clematidina*)

⚲ Einzelne Pflanzenteile welken und sterben ab. An Stängeln und Blättern braune zusammenfließende Flecken.

⛉ Kranke Pflanzen entfernen. Ungünstiger Standort führt oft zum Auftreten dieser Pilzkrankheiten.

Echter Mehltau

⚲ Auf den Blattober- und Blattunterseiten sowie auch an den Blattstielen entsteht ein mehlig weißer Belag [1]. Auch die Blüten werden befallen. Unter dem Belag ist das Gewebe braun verfärbt.

⛉ Zur chemischen Bekämpfung siehe Seite 257.

Weitere Krankheiten und Schädlinge:

Blattläuse siehe Seite 195
Spinnmilben siehe Seite 194
Thripse siehe Seite 173
Wurzelgallenälchen siehe Seite 116

Cotoneaster, Zwergmispel

Die anspruchslosen Pflanzen wachsen auf allen Böden, bevorzugt werden sonnige bis halbschattige Standorte mit feuchten, nahrhaften Substraten von schwach saurer bis alkalischer Reaktion.

Feuerbrand (*Erwinia amylovora*)
Einzelne Triebe werden nach der Blüte, von der Blüte ins alte Holz fortschreitend, braun und sterben triebweise ab. Die bakteriellen Erreger werden von Blüten besuchenden Insekten oder Vögeln übertragen. In der Pflanze breiten sich die Bakterien bei feuchtwarmer Witterung sehr rasch aus und führen zum Absterben der Pflanzen. Besonders anfällig sind *C.* × Watereri-Hybriden. Das Auftreten der Krankheit ist dem Pflanzenschutzdienst (Seite 264) zu melden [2].
Die meldepflichtige Krankheit ist durch direkten Rückschnitt befallener Pflanzenteile bis ins gesunde Holz zu beseitigen. Bei stärkerem Befall müssen die Pflanzen entfernt und verbrannt (städtische Müllverbrennung) werden.

Cytisus, Besenginster

Leichte, durchlässige Böden in voller Sonne sind ideale Standorte für *Cytisus*. Die Pflanzen sind trockenheitsresistent und industriefest. Staunässe ist zu vermeiden.

Pleiochaeta-Blattflecken (*Pleiochaeta setosa*)
Auf Blättern, später auch auf Blattstielen und Trieben braunschwarze Flecken [3]. Befallene Pflanzen kümmern und sterben ab.
Befallene Pflanzenteile entfernen. In Beständen Kupferpräparate gegen die weitere Ausbreitung der Krankheit einsetzen.

3

4

Gallmilben (Eriophyidae)
An den Trieben treten zahlreiche hellgrüne Wucherungen auf [4].
Befallene Triebe sofort entfernen.

Weitere Krankheiten und Schädlinge:

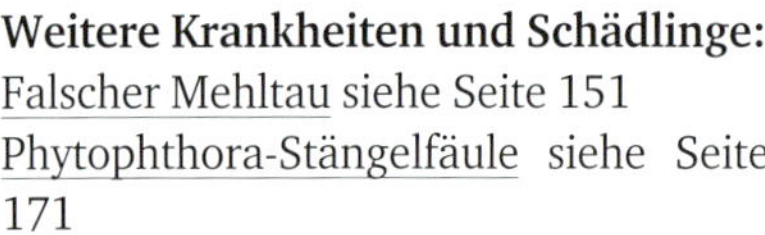

Falscher Mehltau siehe Seite 151
Phytophthora-Stängelfäule siehe Seite 171
Thripse siehe Seite 173
Blattläuse siehe Seite 167
Rost und Spinnmilben siehe Seiten 193, 194

Euonymus, Pfaffenhütchen

Die Pflanzen haben keine großen Standortansprüche. Sie sind hart und industriefest, sie können in verschiedenen Wuchsformen an vielen Standorten Verwendung finden.

Echter Mehltau (*Erysiphe polygoni*)
Auf den Blattober- und Blattunterseiten sowie auch an den Blattstielen entsteht ein mehlig weißer Belag [1]. Unter dem Belag ist das Gewebe braun verfärbt.
Zur chemischen Bekämpfung siehe Seite 257.

Phytophthora-Triebsterben (*Phytophthora* sp.) **an Euonymus fortunei**
Befallene Triebe werden fahlgrün, welken, verbräunen und sterben ab [2]. Die Wurzeln sind weichfaul.
Befallene Pflanzen umgehend entfernen. Boden gut durchfrieren lassen, ehe nachgepflanzt wird. Siehe Seite 258.

Spinnmilben (*Tetranychus urticae*)
Auf Blättern weißgelbe Sprenkel, später flächige Aufhellungen und Vertrocknen der Blätter [3]. Die 0,2–0,5 mm großen Milben leben blattunterseits im Schutz zarter Gespinste.

3

4

⛱ Befallene Pflanzenteile entfernen. Hohe Temperaturen und trockene Luft fördern den Befall. Zur Bekämpfung siehe Seite 261.

Blattläuse (*Aphis fabae*)

🔍 Dunkelgrüne bis schwarze Läuse [4]. Blätter, besonders Triebspitzen kräuseln und vergilben, bei starkem Befall klebriger Honigtau auf den Blättern.

⛱ Einzelkolonien der Läuse abschneiden und entfernen, biologische Pflanzenschutzmaßnahmen ergreifen (siehe Seite 263). Chemische Bekämpfung ebenfalls siehe Seite 259.

Pfaffenhütchengespinstmotte (*Yponomeuta cognatellus*)

🔍 Kahlfraß der Pflanzen. An den Pflanzen Gespinste mit etwa 2 cm langen, gelben Raupen mit schwarzen Punkten [5].

5

Ab Juli treten die Falter auf. Junge Raupen überwintern.

☂ Raupennester herausschneiden und verbrennen.

Weitere Krankheiten und Schädlinge:
Dickmaulrüssler siehe Seiten 144, 173

Forsythia, Forsythie

Sonnig-warme Standorte ermöglichen eine frühe Blüte. Bei schweren Böden mit Staunässe kann es zur Triebfäule kommen.

Bakterieller Krebs an Zweigen (*Agrobacterium tumefaciens*)

🔍 An Zweigen kleine, bis zu mehreren Zentimetern große Wucherungen mit rauer, rissiger Oberfläche [1].

☂ Kranke Pflanzenteile aus dem Garten entfernen.

Triebfäule (*Pseudomonas syringae*)

🔍 Auf den Blättern kleine braune Flecken mit hellem Rand. Bei stärkerem Befall werden die Blätter, Blattstiele und Zweige dunkelbraun und trocknen ein [2].

☂ Kranke Pflanzenteile entfernen, Schnittwerkzeug desinfizieren. Bestände durch Behandlungen mit Kupferpräparaten besonders im Frühjahr und im Herbst vor einer Ausbreitung des Bakteriums schützen.

Weitere Krankheiten und Schädlinge:
Verticillium-Welke siehe Seite 94
Spinnmilben und Blattwanzen siehe Seiten 194, 75
Thripse siehe Seite 173

Gaultheria procumbens, Niederliegende Scheinbeere

3

Gaultherien benötigen humose, saure Böden mit gleichmäßiger Wasserversorgung und gutem Wasserabzug. Helle, nicht zu sonnige Standorte werden bevorzugt.

Wurzelfäule (*Phytophthora cinnamomi*)

Anfangs welken einzelne Triebe, später welkt die ganze Pflanze, sie wird stumpfgrau, vertrocknet, vergilbt und verbräunt. Die Wurzeln faulen von der Wurzelspitze ausgehend, der Wurzelballen ist verbräunt, während der Wurzelhals zu Beginn der Krankheit noch keine Verbräunung aufweist [3].

Kranke Pflanzen und anhaftende Erde großzügig beseitigen. Keine für *Phytophthora* anfälligen Pflanzen nachpflanzen. Für guten Wasserabzug des Bodens sorgen. Bestände bei beginnendem Befall mit einem Fungizid gießen. Siehe auch Seite 258.

4

Stängelgrundfäule (*Cylindrocladium scoparium*)

Einzelne Triebe welken, vergilben, werden braun und sterben ab. Die Pflanze welkt und verbräunt oft einseitig vom Stammgrund ausgehend, siehe Bild [6] Seite 109. Die Wurzeln sind anfangs noch weiß, während der Wurzelhals verbräunt ist. Vergleiche auch *Phytophthora*-Wurzelfäule.

Strenge Hygiene während der Pflanzenvermehrung einhalten, keine kontaminierten Kultureinrichtungen ohne Desinfektion wiederverwenden.

Stängelfäule (*Colletotrichum gloeosporioides*)

Einzelne Triebe verfärben sich fahlgrün, welken und trocknen ein. An den unteren Triebteilen schwarzbraune Flecken. Gelegentlich auch Blattflecken mit ringförmigen Zonen [4].

Befallene Pflanzen entfernen. Übrige Pflanzen mit einem gegen Blattfleckenpilze geeigneten Präparat spritzen, siehe dazu Seite 257.

Hebe-Andersonii-Hybriden

Das winterharte Gehölz bevorzugt sonnig-warme Standorte und stellt geringe Ansprüche an den Boden. Er sollte locker sein und einen mittleren Humusgehalt aufweisen. Die Pflanzen sind empfindlich gegenüber Staunässe und zu starker Düngung.

Pythium-Wurzelfäule (*Pythium ultimum* u. a.)

Die Blätter werden fahlgrün und stumpf. Sie welken und vergilben. Die Wurzel ist weichfaul, siehe Bild 2 Seite 14. Die Wurzelrinde lässt sich vom Zentralzylinder abziehen, sodass „Wurzelbärte" verbleiben. Die begeißelten Sporen des Pilzes benötigen zur Ausbreitung eine hohe Bodenfeuchte. Sauerstoffmangel und Staunässe im Boden begünstigt den Befall.

Möglichst trocken kultivieren, seltener, aber durchdringend gießen. Substrate mit grober Struktur verwenden.

Falscher Mehltau (*Peronospora griesea*)

Blattoberseits bleiche Stellen, teilweise mit verhärtetem Gewebe, blattunterseits ein schmutzig weißer Sporenbelag.

In Kulturräumen Luftfeuchte kontrollieren, nachts die Kondensation der Luftfeuchte an den Blättern vermeiden (Taupunkttemperatur nicht unterschreiten), häufiges Befeuchten der Blätter vermeiden. Bei ausgepflanzten Beständen für gute Belüftung der Pflanzen sorgen 1. Kranke Pflanzenteile möglichst entfernen. In Beständen bei beginnendem Befall chemische Bekämpfungsmaßnahmen einleiten. Zur Bekämpfung siehe Seite 258.

Blattfleckenkrankheit (*Septoria* sp., *Stemphylium* sp.)

Auf den Blättern entstehen graue, unregelmäßige Blattflecken. Sie sind von einem schmalen Rand mit gelber Zone umgrenzt [2]. Auf den Flecken entwickeln sich kleine punktförmige schwarze Sporenlager (Lupe!) [3].

Stark befallene und abgefallene Blätter sind zu entfernen. Die Luftfeuchte ist herabzusetzen. Häufiges Befeuchten oberirdischer Pflanzenteile ist zu vermeiden. Die Nährstoffgehalte sowie das Auftreten von Schädlingen sind zu überprüfen. Bestände ggf. durch Spritzbehandlungen vor einer Ausbreitung der Krankheit schützen. Siehe dazu Seite 257.

4

5

Hedera, Efeu

Schattige Standorte mit kalkhaltigen Böden sind für *Hedera* gut geeignet. Die Pflanzen sollten nach Feuchteperioden jedoch gut abtrocknen können, sonst finden Blattfleckenpilze gute Entwicklungsbedingungen. Staunässe fördert die *Phytophthora*-Erkrankung.

Bakterielle Blattfleckenkrankheit (*Xanthomonas hortorum* pv. *hederae*)

Braunschwarze, sich rasch vergrößernde Blattflecken mit ölig-durchscheinendem Rand [4], an den Zweigen Risse und krebsartige Wucherungen.

Kranke Pflanzenteile rasch entfernen. Für rasches Abtrocknen der Blätter sorgen. Bei Pflanzenbeständen können gesunde Pflanzen durch Kupferbehandlungen vor einer weiteren Ausbreitung der Bakterien geschützt werden.

Phytophthora-Stängelfäule (*Phytophthora palmivora*)

Einzelne Stängelteile faulen. Die Fäulnis geht über den Blattstiel in das Blatt über. Befallene Blätter sterben ab [5].

Kranke Pflanzenteile beseitigen. Für rasches Abtrocknen der Pflanzen und guten Wasserabzug des Bodens sorgen. Bei beginnendem Befall Pflanzenbestände mit einem Fungizid gießen, siehe Seite 258.

Blattfleckenpilze (*Colletotrichum, Cryptocline, Phoma, Phyllosticta*)

Dunkle, runde Blattflecken mit brauner Mitte, unregelmäßig umrandet [1]. Das geschädigte Blattgewebe reißt bei einem weiteren Wachstum des Blattes auf.

Für rasches Abtrocknen der Pflanzen sorgen. Durch den Einsatz von Kupfer-Präparaten ist eine Ausbreitung der Krankheit zu stoppen. Besonders effektiv ist Kupferhydroxyd, es hinterlässt aber einen starken Spritzbelag.

Spinnmilben (*Tetranychus urticae*)

Auf Blättern weißgelbe Sprenkel, später flächige Aufhellungen und Vertrocknen der Blätter. Die 0,2–0,5 mm großen Milben leben blattunterseits im Schutz zarter Gespinste [2].

Befallene Pflanzenteile entfernen. Hohe Temperaturen und trockene Luft fördern den Befall. Zur Bekämpfung siehe Seite 261.

Weichhautmilben (Tarsonemidae)

Triebspitzen verkahlen, Blätter an Triebspitzen sind kleiner und verhärtet, die Blattränder sind oftmals nach unten gebogen [3]. An Blattstielen und unter Blättern grindig braune Verkorkungen. Die Entwicklung der 0,3 mm großen, glasig weißen Milben ist unter feuchtwarmen Bedingungen begünstigt.

Mutterpflanzen sind ständig auf Befall zu kontrollieren. Zur chemischen Bekämpfung siehe Seite 262.

Dickmaulrüssler (*Otiorhynchus sulcatus*)

Das Auftreten der Käfer [4] ist am Buchtenfraß an den Blättern zu erkennen. Den eigentlichen Schaden verursachen die Larven durch Fraß an den Wurzeln. Die Larven sind weiß mit brauner Kopfkapsel, bauchseits gekrümmt und bis zu 12 mm groß.

☂ Der Einsatz insektenpathogener Nematoden (*Steinernema carpocapsae* oder *Heterorhabditis* sp.) hat sich bewährt. Je nach Befallsstärke werden 250 000–500 000 Nematoden pro m^2 bzw. 4 000 Nematoden pro Liter Substrat gegossen. Die Bodentemperatur muss mindestens 13 °C betragen, auf gleichmäßige Bodenfeuchte ist zu achten.

Thripse (*Frankliniella occidentalis, Thrips tabaci*)

🔍 Kann in Zimmern und Wintergärten bei niedriger Luftfeuchte zu Massenvermehrungen kommen. Junge Blätter deformiert [5], Vegetationskegel verkrüppelt. Blüten mit Stippen, Blütenränder verbräunt. In den Blüten, besonders in den Staubgefäßen, starke Vermehrung der Thripse.

☂ Befallene Pflanzenteile beseitigen. Bestände mit Blautafeln auf Befall kontrollieren. Die Kontrolle ist bei Jungpflanzen besonders wichtig, da bereits wenige Tiere zu Verkrüppelungen führen. Zur Tilgung eines Befalls ist der frühe, wiederholte Einsatz von Insektiziden erforderlich, siehe Seite 262.

Weitere Krankheiten und Schädlinge:
Schildläuse siehe Seite 181

4

5

Hypericum, Johanniskraut

Der sehr anspruchslose, immergrüne Bodendecker gedeiht sowohl in voller Sonne als auch im Halbschatten. Im Frühjahr empfiehlt es sich, die Triebe stark zurückzuschneiden, da die Pflanzen am Jungholz blühen.

Rost (*Melampsora hypericorum*)

🔍 Auf den Blättern helle Flecken, blattunterseits zahlreiche braune Rostpus-

teln [1]. Die Blätter sind häufig nach oben gerollt.

Die Pilzsporen werden durch die Luft verbreitet. Für die Keimung benötigen sie tropfbares Wasser.

☂ Kranke Blätter rechtzeitig entfernen. Zur chemischen Bekämpfung siehe Seite 257.

Ilex, Stechpalme

Optimal ist ein sonniger bis halbschattiger, windgeschützter und luftfeuchter Standort. Im Winter ist volle Sonne zu vermeiden, da sonst Frosttrocknis auftreten kann. Der sandig-lehmige oder sandig-tonige Boden mit neutralem bis schwach saurem pH-Wert sollte nährstoffreich, aber einen nicht zu hohen Salzgehalt aufweisen und leicht feucht sein. Staunässe ist unbedingt zu vermeiden.

Ringfleckenvirus

🔍 Gelbe Ringmuster auf den Blättern [2].

☂ Bekämpfung siehe Seite 256.

Trockenschäden

🔍 Chlorotische Blätter und blattlose Triebe weisen auf starke Ballentrockenheit hin [3]. Hier sind die beschriebenen Standortbedingungen zu verbessern.

Wurzelfäule (*Pythium* sp.)

🔍 Pflanzen werden chlorotisch und werfen Blätter ab [4]. Wurzeln sind weichfaul und verfärbt.

☂ Staunässe und zu feuchte Kulturführung sind zu vermeiden.

Ilexminierfliege (*Phytomyza ilicis*)

🔍 An den Blättern zunächst kleine gelbe Einstichstellen, später helle, unregelmäßig geschlängelte, blasige Blattminiergänge der Fliegenmaden [5].

☂ Befallene Blätter rechtzeitig entfernen. Bei stärkerem Befall ab Mitte Mai die jungen Larven mit Pyrethrum behandeln.

Weitere Krankheiten und Schädlinge:

Blattläuse siehe Seite 195
Schildläuse siehe Seite 181

4

Juniperus, Wacholder

Die Pflanzen sind sehr tolerant gegenüber der Bodenreaktion, sie wachsen in sauren wie in alkalischen Böden. Sie sind widerstandsfähig und vertragen Hitze und Trockenheit. Besonders trichterförmig wachsende Arten sind empfindlich gegenüber Schneedruck.

5

Weißdorngitterrost (*Gymnosporangium clavariaeforme*)

🔍 Der Pilz verursacht bei *J. communis* und *J. communis* subsp. *alpina* spindelförmige Zweiganschwellungen. Später entstehen orangerote, zäpfchenförmige Sporenlager [6]. Im Sommer wechselt der Pilz auf Blätter und Früchte von *Crataegus* und *Amelanchier.*

☂ Kranke Pflanzenteile entfernen. Die Sommer- und Winterwirte stärker voneinander trennen. Die Gesundung der Pflanzen kann durch eine chemische Bekämpfung unterstützt werden, siehe Seite 257.

6

Zweigsterben (*Kabatina juniperi*)

Einzelne Zweige, mitunter auch Haupttriebe, werden gelb und sterben ab [1]. Mit einer Lupe sind die dunklen Sporenlager des Pilzes gut zu erkennen.

Zweigsterben (*Phomopsis juniperovora*)

Absterben einzelner Zweige, besonders auch des Haupttriebes. Die Nadeln werden braun, später gelb [2]. Der Befall breitet sich auf die übrigen Zweige aus und führt bei jungen Pflanzen zum Absterben.
Kranke Pflanzenteile herausschneiden. Bei stärkerem Befall gesamte Pflanze entfernen. Für ein rasches Abtrocknen der Pflanzen durch bessere Licht- und Luftzufuhr sorgen. Nährstoffversorgung überprüfen.

Nadelholzspinnmilbe (*Oligonychus ununguis*)

Nadeln mit Saugstellen, später chlorotisch verfärbt. Die Nadeln fallen ab. An den Trieben leben die Milben an feinen Spinnfäden. Besonders bei Sommertrockenheit kommt es zu Massenvermehrungen der Milben [3].
Bekämpfung siehe Seite 261.

Wacholderminiermotte (*Argyresthia trifasciata*)

Mehrere kleine Triebspitzen werden braun und fallen leicht ab [4]. An der Basis des verbräunten Triebes befindet sich ein kleines Bohrloch. Im Trieb miniert die 3 mm lange Raupe der Motte.
Braune Triebspitzen abschneiden und entfernen. Bei starkem Befall kann der Einsatz eines Pyrethrum-Präparates im Juni erforderlich werden.

Weitere Krankheiten und Schädlinge:
Blattläuse siehe Seite 195
Raupen siehe Seite 135
Schildläuse siehe Seite 181

Laurus, Lorbeer

Sonnige, windgeschützte Standorte sind geeignet. Die Pflanzen sollten nicht ballentrocken werden, keinesfalls auf trockenen Ballen düngen. Zum Herbst müssen die Pflanzen gut ausreifen, daher nicht mehr nach Anfang August düngen. Die Überwinterung kann bei 3–5 °C erfolgen, bei höheren Temperaturen ist gut zu lüften.

Blattfloh (*Trioza alacris*)
Blätter der jüngsten Triebe nach unten eingerollt mit verdickten Blatträndern. In den Blattrollen leben die Larven des Blattflohs, geschützt durch Wachswollausscheidungen 5.
Befallene Pflanzenteile entfernen. Bei stärkerem Befallsdruck Anfang Mai, sobald sich die ersten Larven entwickeln, mit Mineralöl wiederholt im Abstand von zwei bis drei Wochen behandeln.

Schildläuse (Coccidae)

Weißliche oder gelblich-braune Höcker, besonders auf Trieben und Blattadern [1]. Mit einer Nadel lassen sich die Schildläuse meist vom Pflanzengewebe abheben.

An Einzelpflanzen kann man die Läuse mit einer alten Zahnbürste vom Pflanzengewebe ablösen und die Pflanzenteile sodann mit einem leicht ölgetränkten Wattebausch abreiben. Unter dem Ölfilm ersticken die Läuse. Bei mehreren Pflanzen oder stärkerem Befall sind Spritzbehandlungen mit Insektiziden (z. B. Mineralöl) erforderlich. Siehe Seite 260.

Weitere Krankheiten und Schädlinge:

Blattläuse siehe Seite 195
Spinnmilben siehe Seite 194

Mahonia, Mahonie

Anspruchsloses, niedrig wachsendes Blütengehölz. Volle Sonne wie auch Schattenlagen sind geeignete Standorte. Die Pflanzen vertragen auch starken Rückschnitt.

Echter Mehltau (*Erysiphe polygoni*)

Auf den Blattober- und Blattunterseiten sowie auch an den Blattstielen entsteht ein mehlig weißer Belag [2]. Auch die Blüten und Früchte werden befallen. Unter dem Belag ist das Gewebe braun verfärbt.

Zur chemischen Bekämpfung siehe Seite 257.

Rostkrankheit (*Cumminsiella mirabilissima*)

Im Frühjahr blattunterseits gelbe Rostpusteln. Auf den Blättern im Sommer rote Flecken, die flächig ineinanderlaufen 3, blattunterseits hellbraune, im Herbst dunkelbraune Rostpusteln.
Die Pilzsporen werden durch die Luft verbreitet.

Kranke Pflanzenteile rechtzeitig entfernen. Zur chemischen Bekämpfung siehe Seite 257.

Weitere Krankheiten und Schädlinge:
Blattfleckenpilze siehe Seite 184

Myrtus, Myrte

Der Boden muss wasserdurchlässig sein. Geeigneter Winterstandort: luftig, hell, 6–8 °C. Bei zu kühler, nasser Kulturführung vergilben die Blätter und fallen ab.

Myrtenschütte (*Pseudocercospora myrticola*)

Blattoberseits rötliche bis dunkelbraune Blattflecken, blattunterseits graugrünlicher Sporenbelag. Die Blätter fallen ab 4.

Pflanzen hell und luftig stellen. Befallene Blätter beseitigen.

Schildläuse (Coccidae)

Weißliche oder gelblich-braune Höcker auf der Pflanzenoberfläche 5. Mit einer Nadel lassen sich die Schildläuse meist vom Pflanzengewebe abheben.

An Einzelpflanzen kann man die Läuse mit einer alten Zahnbürste vom Pflanzengewebe ablösen und die Pflanzenteile sodann mit einem leicht ölgetränkten Wattebausch abreiben. Unter dem Ölfilm ersticken die Läuse. Bei mehreren Pflanzen oder stärkerem Befall sind Spritzbehandlungen mit Insektiziden (z. B. Mineralöl) erforderlich. Siehe Seite 260.

4

5

Nerium, Oleander

Im Sommer ist eine gleichmäßig gute Wasserversorgung sicherzustellen und gleichzeitig für guten Wasserabzug zu

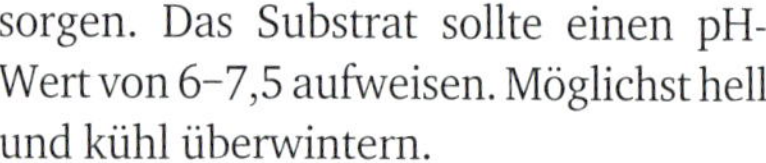

sorgen. Das Substrat sollte einen pH-Wert von 6–7,5 aufweisen. Möglichst hell und kühl überwintern.

Bakterielle Gallen (*Pseudomonas savastanoi* pv. *savastanoi*)

Auf den Blättern schwarze Flecken mit gelbem Rand. An den Zweigen Risse und krebsartige Wucherungen [1]. Bei starkem Befall werden Triebspitzen, Blüten und Fruchtstände schwarzbraun und sterben ab.

Kranke Blätter sofort entfernen. Für rasches Abtrocknen der Blätter sorgen. Bei Pflanzenbeständen können gesunde Pflanzen durch Kupfer-Behandlungen vor einer weiteren Ausbreitung der Bakterien geschützt werden.

Phoma-Stängelfäule

Blätter verfärben, vergilben und verbräunen [2]. Das Kambium (Stängelquerschnitt) ist braun verfärbt.

Befallene Pflanzenteile beseitigen.

Grauschimmel (*Botrytis cinerea*)

Das Gewebe wird wässrig und weichfaul [3], bei hoher Luftfeuchte entsteht ein grauer Sporenrasen. Besonders im Herbst und im Frühjahr, wenn nach Frostperioden feuchtwarme Witterung einsetzt.

Alte Blätter und abgestorbenes Pflanzengewebe aus dem Bestand entfernen. In den Wintermonaten in Kulturräumen trocken kultivieren, Luftfeuchte herabsetzen, Taupunkttemperatur in der Nacht nicht unterschreiten. Zur chemischen Bekämpfung siehe Seite 258.

Blattläuse (Aphididae)

🔎 Blätter kräuseln und vergilben, bei starkem Befall klebriger Honigtau auf den Blättern. Darauf siedeln sich später schwarze Rußtaupilze an [4].

☂ Einzelkolonien der Läuse abschneiden und entfernen, biologische Pflanzenschutzmaßnahmen ergreifen (siehe Seite 263). Zur chemischen Bekämpfung siehe Seite 259.

Schildläuse (Coccidae)

🔎 Weißliche oder gelblich-braune Höcker auf der Pflanzenoberfläche [5]. Mit einer Nadel lassen sich die Schildläuse meist vom Pflanzengewebe abheben.

☂ An Einzelpflanzen kann man die Läuse mit einer alten Zahnbürste vom Pflanzengewebe ablösen und die Pflanzenteile sodann mit einem leicht ölgetränkten Wattebausch abreiben. Unter dem Ölfilm ersticken die Läuse. Bei mehreren Pflanzen oder stärkerem Befall sind Spritzbehandlungen mit Insektiziden (z. B. Mineralöl) erforderlich. Siehe Seite 260.

Rhododendron, Azaleen

Der Boden sollte sehr humos und gut wasserdurchlässig sein. Einige Sorten sind empfindlich gegenüber voller Sonne. Die Düngung sollte in schwachen Gaben erfolgen, bei zu starker Düngung kommt es sehr leicht zu Verbrennungen der Wurzeln.

Zu hoher pH-Wert

Die Pflanzen vergilben, zunächst sind die Triebspitzen aufgrund von Ernährungsstörungen aufgehellt [1].

Eine Bodenreaktion von pH 3,5–4,5 ist anzustreben. Die Düngung sollte in schwachen Gaben erfolgen. Die Kalziumversorgung ist mitunter schwierig, sie kann, um den pH-Wert nicht zu erhöhen, mit Gips erfolgen.

Kälteschaden

Die Blätter der jungen Triebe sind weißfleckig [2]. Im weiteren Kulturverlauf wächst das Schadbild wieder aus.

Plötzlichen Kälteeinbruch während der Jungpflanzenkultur vermeiden. Nicht zu spät stutzen, damit der junge Austrieb genügend abgehärtet ist.

Hexenbesen (Phytoplasmen)

Einzelne Triebe, manchmal auch die gesamte Pflanze, weisen einen stark vermehrten Austrieb der Seitenknospen auf [3].

Kranke Pflanzenteile abschneiden und entfernen.

Phytophthora-Stängelgrundfäule und -Zweigsterben (*Phytophthora cactorum*)

Pflanzen welken. Vom Stängelgrund geht eine Fäulnis aus, die auch die unteren Blätter erfassen kann [4]. Bei Rhododendron wird oft auch ein von den Knospen ausgehendes Zweigsterben beobachtet, dabei dringt der Pilz über die Blattstiele in die Blätter ein. Befallene Pflanzenteile sterben ab.

Bekämpfung siehe *Phytophthora*-Wurzelfäule.

Wurzelfäule (*Phytophthora cinnamomi*)

🔍 Anfangs welken einzelne Triebe, später welkt die ganze Pflanze. Sie wird stumpfgrau, vertrocknet, vergilbt und verbräunt [5]. Die Wurzeln faulen von der Wurzelspitze ausgehend, der Wurzelballen ist verbräunt, während der Wurzelhals zu Beginn der Krankheit noch keine Verbräunung aufweist.

☂ Kranke Pflanzen und anhaftende Erde großzügig beseitigen. Keine für *Phytophthora* anfälligen Pflanzen nachpflanzen. Für guten Wasserabzug des Bodens sorgen. Bestände bei beginnendem Befall mit Aliette WG gießen. Siehe Seite 258.

Stammgrundfäule (*Cylindrocladium scoparium*)

🔍 Einzelne Triebe welken, vergilben, werden braun und sterben ab. Es kann auch zu Blattinfektionen kommen [6]. Die Pflanze welkt und verbräunt oft einseitig vom Stammgrund ausgehend. Die Wurzeln sind anfangs noch weiß, während der Wurzelhals verbräunt ist. Vergleiche auch *Phytophthora*-Wurzelfäule.

☂ Strenge Hygiene während der Pflanzenvermehrung einhalten, keine infizierten Kultureinrichtungen ohne Desinfektion wiederverwenden.

Zweigsterben (*Phytophthora citricola*)

🔍 Von den Knospen ausgehende Verbräunung und Absterben der Triebe bei Azaleen (siehe Bild [1] Seite 184).

☂ Kranke Pflanzen entfernen. Flächen, auf denen befallene Pflanzen standen, nicht wieder für die Azaleenkultur verwenden.

4

5

6

Blattfleckenkrankheit (*Septoria azaleae*, *Gloeosporium*, *Cercospora*, *Cercoseptoria*)

Auf den Blättern dunkelgrau-schwarze, scharf begrenzte Flecken mit violettem Rand [2]. Die Flecken trocknen ein und hellen auf. Auf den Flecken sind die schwarzen Fruchtkörper deutlich zu erkennen.

Befallene Blätter entfernen, besonders großlaubige Sorten nicht zu eng pflanzen. Die Pflanzen nicht zu üppig mit Stickstoff versorgen. Größere Bestände bei Befallsgefahr in Schlechtwetterperioden behandeln. Siehe Seite 257.

Ohrläppchenkrankheit (*Exobasidium vaccinii* var. *japonicum*)

Einzelne Blattteile gallenartig angeschwollen [3], auf den Gallen bildet sich ein weißer Sporenbelag.

Befallene Blätter absammeln und beseitigen.

Grauschimmel (*Botrytis cinerea*)

Fäule an Blüten und Knospen. Das Gewebe wird wässrig und weichfaul [4], bei hoher Luftfeuchte entsteht ein grauer Sporenrasen. Bei eng stehenden Jungpflanzen, weichen Trieben und Stutzstellen kann es auch zu Fäulnis an Blättern und Trieben kommen. Tritt besonders im Herbst und im Frühjahr auf, wenn nach Frostperioden feuchtwarme Witterung einsetzt.

Alte Blätter und abgestorbenes Pflanzengewebe aus dem Bestand entfernen. In den Wintermonaten in Kulturräumen trocken kultivieren, Luftfeuchte herab-

4

5

setzen, Taupunkttemperatur in der Nacht nicht unterschreiten. Zur chemischen Bekämpfung siehe Seite 258.

Knospensterben (*Pycnostysanus azaleae*)

Rhododendron-Blütenknospen sind trocken braun verfärbt. Auf den vertrockneten Knospen entwickeln sich kleine gestielte Sporenlager [5].

Vertrocknete Knospen absammeln, ehe die Sporenlager des Pilzes entstehen. Rhododendron-Zikaden bekämpfen. Durch die Eiablage der Zikaden wird der Pilz in den Knospenhals übertragen.

Blütenfäule (*Ovulinia azaleae*)

An Blüten von Azaleen kleine Faulstellen, die sich innerhalb weniger Stunden vergrößern und nach ein bis zwei Tagen zur Fäulnis der gesamten Blüte führen. In dem faulen Blütengewebe entstehen in kurzer Zeit einige Millimeter große schwarze Dauerkörper (Sklerotien) des Pilzes [6]. Die Krankheit ist mit der *Botrytis*-Fäule zu verwechseln. Sie schreitet jedoch wesentlich schneller voran.

Krank erscheinende Blütenknospen sofort entfernen. Keine Sklerotien entstehen lassen. Zum Schutz vor einer weiteren Ausbreitung der Krankheit befallene Bestände mit Teldor spritzen.

Spinnmilben (*Tetranychus urticae*)

Auf Blättern weißgelbe Sprenkel, später flächige Aufhellungen und Vertrocknen der Blätter. Die 0,2–0,5 mm großen Milben leben blattunterseits im Schutz zarter Gespinste (siehe Bild [1] Seite 186).

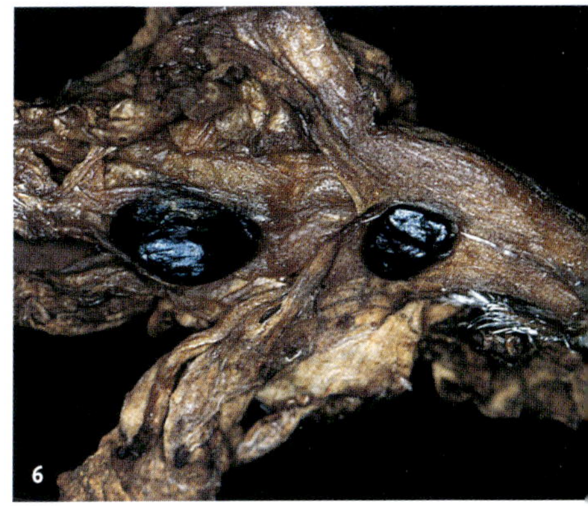
6

Befallene Pflanzenteile entfernen. Hohe Temperaturen und trockene Luft fördern den Befall. Zur Bekämpfung siehe Seite 261.

Triebspitzenmilben (*Tarsonemus* sp.)
Einzelne Triebe oder Pflanzen von Azaleen nesterweise im Wuchs verringert. Blätter der Triebspitzen kleiner, verdickt und verhärtet. Bei starkem Befall werden die Knospen trocken und braun [2]. Die kleinen Milben leben in den Knospen und im Boden, sie können sich bei feuchtwarmer Witterung rasch vermehren.
Befallene Pflanzen beseitigen.

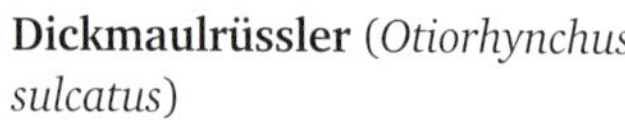

Dickmaulrüssler (*Otiorhynchus sulcatus*)
Das Auftreten der Käfer ist am Buchtenfraß an den Blättern zu erkennen [3]. Den eigentlichen Schaden verursachen die Larven durch Fraß an den Wurzeln. Die Larven sind weiß mit brauner Kopfkapsel, bauchseits gekrümmt und bis zu 12 mm groß.
Der Einsatz insektenpathogener Nematoden (*Steinernema carpocapsae* oder

Heterorhabditis sp.) hat sich bewährt. Je nach Befallsstärke werden 250 000–500 000 Nematoden pro m² bzw. 4 000 Nematoden pro Liter Substrat gegossen. Die Bodentemperatur muss mindestens 13 °C betragen, auf gleichmäßige Bodenfeuchte ist zu achten.

Azaleenmotte (*Gracillaria azaleella*)
⚲ Die Blätter sind eingerollt, es entstehen Gangminen im Blatt [4]. Später Fensterfraß an versponnenem Blatt.
☂ Bekämpfung siehe Seite 260.

Azaleenwickler (*Acalla schalleriana*)
⚲ Fensterfraß, bei älteren Raupen auch Lochfraß an locker versponnenen Knospen, Blättern und Blüten. Keine Gangminen [5].
☂ Bekämpfung siehe Seite 260.

Blattläuse (Aphididae)
⚲ Blätter kräuseln und vergilben [6], bei starkem Befall klebriger Honigtau auf den Blättern.
☂ Einzelkolonien der Läuse abschneiden und entfernen, biologische Pflanzenschutzmaßnahmen ergreifen (siehe Seite 263). Zur chemischen Bekämpfung siehe Seite 259.

Rhododendronnetzwanzen (*Stephanitis arbiti, S. rhododendri, S. takii*)

Gesprenkelte Aufhellungen der Blätter, blattunterseits dunkle, glänzende Kotflecken (siehe Bild 7 Seite 187). Bei starkem Befall vertrocknen die Blattränder und die Blätter fallen ab.

Die Netzwanzen 1 leben auf den Blattunterseiten. Ende Mai bis Anfang Juli sind die Bestände gut zu kontrollieren. Spritzbehandlungen möglichst morgens durchführen, wenn die Tiere noch nicht so aktiv sind. Die Blattunterseiten gut benetzen. Zur Bekämpfung geeignet ist zum Beispiel der Wirkstoff Imidacloprid, siehe auch Seite 259.

Thripse (*Frankliniella occidentalis*)

Junge Blätter von Azaleen deformiert, Vegetationskegel verkrüppelt. Blüten mit Stippen, Blütenränder verbräunt 2. In den Blüten, besonders in den Staubgefäßen, starke Vermehrung der Thripse.

Befallene Pflanzenteile beseitigen. Bestände mit Blautafeln auf Befall kontrollieren. Die Kontrolle ist bei Jungpflanzen besonders wichtig, da bereits wenige Tiere zu Verkrüppelungen führen. Zur Tilgung eines Befalls ist der frühe, wiederholte Einsatz von Insektiziden erforderlich, siehe Seite 262.

Rhododendron-Zikaden (*Graphocephala coccinea*)

Blattoberseits weißlich-gelbe Flecken, blattunterseits bräunliche Verfärbungen. Im Mai gelbliche Larven und weiße Häutungsreste unter den Blättern. Die adulten Tiere haben grün-braune, metallisch glänzende Flügeldecken, sie sind auch blattoberseits zu beobachten 3.

Die Zikaden stechen auch den Knospenhals der Pflanzen an und übertragen dabei die Knospenfäule *Pycnostysanus.*

Tritt die Knospenfäule auf, so sind Behandlungen gegen Zikaden mit Kaliseife (Neudosan) oder mit Präparaten vorzunehmen, die Pyrethrum bzw. Piperonylbutoxid enthalten.

Blattälchen (*Aphelenchoides fragariae, A. ritzemabosi*)

Zunächst gelbe, später braune, eckige Blattflecken, von den Blattadern scharf begrenzt [4].

Die Nematoden leben im Blattgewebe von Azaleen, sie können sich bei häufiger Blattbenetzung im Wasserfilm auf dem Blatt und an der Pflanze rasch verbreiten.

Befallene Pflanzenteile entfernen und die Kulturführung trockener gestalten. Eine Blattbenetzung ist zu vermeiden. Keine Pflanzenteile von kranken Pflanzen für Vermehrungen verwenden.

Weiße Fliege (*Trialeurodes vaporariorum, Bemisia tabaci*)

Auf den Blattunterseiten von Azaleen 2–3 mm große Mottenschildläuse mit weißen Flügeln und ungeflügelten hellgelben Larvenstadien [5]. Die Flügel stehen bei *Bemisia* steiler dachförmig über dem Hinterleib als bei *Trialeurodes*. Bei stärkerem Befall vergilben die Blätter. Es entsteht ein klebriger Honigtaubelag.

Siehe Seite 262.

3

4

5

Rosa, Rose

Geeignete Standorte sind leichte bis mittelschwere Böden mit neutraler bis schwach saurer Reaktion in voller Sonne. Alte Rosenbeete nicht wieder mit Rosen bepflanzen. Die Entwicklung freilebender Wurzelnematoden führt zu langsam abnehmender Wuchsleistung, sie prägt sich in Beständen meist nestartig aus. Diesen Nematoden kann durch Zwischenpflanzung von *Tagetes* entgegengewirkt werden. Unterpflanzung von Lavendel bietet einen Schutz gegen Blattlausbefall.

Triebsterben durch Frost

🔍 Einzelne Triebe welken, vergilben und sterben ab. Das Mark des Triebes ist braun verfärbt [1].

☂ Ursache des Triebsterbens ist die Einwirkung zu tiefer Temperaturen im Winter. Die Triebe können im Laufe des Sommers noch absterben.

Virosen (Nekrotisches Ringfleckenvirus der Kirsche, Rosenmosaikvirus)

🔍 Chlorotische Linien, Ring- und Mosaikmuster im Blatt [2], Adernverfärbungen, Scheckungen und Blattdeformationen. Der Wuchs befallener Pflanzen ist reduziert.

Befallene Pflanzen beseitigen. Siehe Seite 256.

Bakterielle Krebswucherungen
(*Agrobacterium tumefaciens*)
An Wurzeln und bodennahen Zweigen Risse und krebsartige Wucherungen [3].
Kranke Pflanzen oder Pflanzenteile entfernen.

Triebwelke (*Ralstonia solanacearum*)
Das Bakterium verursacht eine Welke der Blattränder sowie der jungen Triebe, später trocknen die Blätter pergamentartig ein [4]. Triebspitzen schlaff hängend, ältere Pflanzen und holzige Pflanzenteile zeigen Vergilbung und braun verfärbte, abgestorbene Blätter. An der Stammbasis treten schwarze Verfärbungen auf, Blätter sterben ab. Bei hoher Luftfeuchtigkeit

1

2

tritt an den befallenen Stielen cremefarbener Schleim aus. Bei fortgeschrittener Infektion sind die Gefäßteile im Holz braun verfärbt.

☂ Mit der meldepflichtigen Quarantänekrankheit befallene Pflanzen umgehend entfernen. Zur chemischen Bekämpfung siehe Seite 256.

Botrytis-Stängel-, Blüten- und Knospenfäule (*Botrytis cinerea*)

⚲ Bei feuchter Witterung faulen Blüten und Knospen unter graubrauner Verfärbung. In den Herbst- und Wintermonaten befällt der Pilz auch Zweige (siehe Bild 5 Seite 191).

☂ Abgestorbene Pflanzenteile aus dem Bestand entfernen. Standorte auswählen, die besonders im Frühjahr rasch abtrocknen. Nur mäßig mit Stickstoff düngen. Besonders bei Frost, während des Austriebes, ist in Ertragsanlagen eine Spritzbehandlung zu empfehlen, damit die jungen Pflanzenteile geschützt sind. Siehe Seite 258.

Echter Mehltau (*Sphaerotheco pannosa* var. *rosae*)

⚲ Besonders auf Blattoberseiten sowie an Knospenstielen und Knospen entsteht ein mehlig weißer Belag 1. Auch die Blüten werden befallen. Unter dem Belag ist das Gewebe braun verfärbt.

☂ Zur chemischen Bekämpfung siehe Seite 257.

Falscher Mehltau (*Pseudoperonospora sparsa*)

⚲ Blattoberseits rot-violett gefärbte, scharfkantige Flecken 2, blattunterseits

bei hoher Luftfeuchte ein schmutzig weißer Sporenbelag. Der Pilz tritt besonders in Kulturräumen auf, kommt aber in den letzten Jahren auch häufiger an Freilandrosen vor.

In Kulturräumen Luftfeuchte kontrollieren, nachts die Taupunkttemperatur nicht unterschreiten, häufiges Befeuchten der Blätter vermeiden. Bei ausgepflanzten Beständen für gute Belüftung der Pflanzen sorgen. Kranke Pflanzenteile möglichst entfernen. Siehe Seite 258.

Rostkrankheit (*Phragmidium mucronatum*)

Auf den Blättern gelblich-rote Flecken, blattunterseits zunächst gelbe, im Herbst schwarze Rostpusteln 3. Befallene Blätter fallen vorzeitig ab. Die Pilzsporen werden durch die Luft verbreitet.

Untere kranke Blätter rechtzeitig entfernen. Abgefallenes Laub im Herbst sorgfältig beseitigen. Zur chemischen Bekämpfung siehe Seite 257.

Sternrußtau (*Diplocarpon rosae*)

Im Blatt schwarzbraune, sternförmige Flecken 4. Befallene Blattteile vergilben und fallen ab.

Abgefallenes Laub beseitigen, in den Blättern überdauert der Pilz und befällt, vom Boden ausgehend, den neuen Austrieb im Folgejahr. Bei Neupflanzungen widerstandsfähige Sorten auswählen. Bei Befall ist eine wiederholte chemische Bekämpfung ab Mai erforderlich, siehe Seite 257.

1

2

3

Phomopsis-Rindenbrand, Gnomonia-Rindenbrand, Coniothyrium-Rindenflecken, Rindenflecken oder Rindenbrand

🔎 Die Rinde der Triebe weist dunkle, grau-braune bis rötlich-braune, mitunter violett umrandete Flecken auf. Die Rinde wird trocken und reißt ein [1]. Die Triebe oberhalb der Befallsstelle verkümmern und sterben ab.

☂ Kranke Pflanzenteile bis ins gesunde Holz zurückschneiden. Triebe im Herbst gut ausreifen lassen, nicht zu spät und kaliumbetont düngen. Bei Befall im Frühjahr vor dem Austrieb mit Kupferpräparaten behandeln.

Spinnmilben (*Tetranychus urticae* u. a.)

🔎 Auf Blättern weißgelbe Sprenkel, später flächige Aufhellungen und Vertrocknen der Blätter [2]. Die 0,2–0,5 mm großen Milben leben blattunterseits im Schutz zarter Gespinste.

☂ Befallene Pflanzenteile entfernen. Hohe Temperaturen und trockene Luft fördern den Befall. Zur Bekämpfung siehe Seite 261.

Aufwärts- und abwärtssteigender Rosentriebbohrer (*Blennocampa elongatula* und *Ardis brunniventris*)

🔎 Beim abwärtssteigenden Triebbohrer kümmert der Trieb, er welkt und stirbt ab. Am Trieb ist ein braunes Bohrloch sichtbar. Beim Stängellängsschnitt zeigt sich im Mark des Triebes ein braun verfärbter, aufwärts oder abwärts führender Fraßgang, an dessen Ende die 12–15 mm lange, weiße Larve des Triebohrers zu erkennen ist [3].

☂ Befallene Pflanzenteile entfernen.

Blattwanzen (Miridae)

🔍 Knospen und junge Triebe verkrüppeln. Auf den Blättern anfangs gelbe, später braune Flecken [4], die beim weiteren Wachstum des Blattes aufreißen. Je nach Befallszeitpunkt ist das Blattgewebe durchlöchert.

☂ Eine Bekämpfung ist nur bei starkem Befall in Beständen oder bei hohem Befallsdruck auf Wiesen erforderlich. Behandlungen müssen morgens vorgenommen werden, solange die Tiere aufgrund der niedrigen Temperaturen noch flugunfähig sind. Chemische Bekämpfung siehe Seite 259.

Blattläuse (Aphididae)

🔍 Besonders an Jungtrieben zahlreiche Läuse in Kolonien [5]. Der Austrieb verkrüppelt, Blätter kräuseln und vergilben, bei starkem Befall klebriger Honigtau auf den Blättern.

☂ Einzelkolonien der Läuse abschneiden und entfernen, biologische Pflanzenschutzmaßnahmen ergreifen, siehe Seite 263. Chemische Bekämpfung ebenfalls siehe Seite 259.

Blattrollwespe (*Blennocampa pusilla*)

🔍 Blätter im Mai röhrenförmig um die Mittelrippe eingerollt [6]. In der Röhre entwickelt sich eine 8–9 mm lange, grüne Wespenlarve.

☂ Gerollte Blätter sofort entfernen.

Blattwespen (*Caliroa aethiops* u. a.)

🔍 Skelettierfraß an den Blättern [7], sodass nur die Blattadern verbleiben. Daran 6–10 mm lange grüne Larven. In einigen Jahren treten die Blattwespen stärker auf.

☂ Befallene Pflanzenteile entfernen.

4

5

6

7

1

2

3

Rosengallwespen (*Diplolepis rosae*)
🔍 Schlafäpfel, an Trieben grünlich-gelbe oder rötliche Gallen [1]. In den Gallen leben etwa 0,5 cm große weiße Larven.
☂ Gallen im Winter herausschneiden.

Rosenzikade (*Typhlocyba rosae*)
🔍 Blattoberseiten sind weißlich-gelb verfärbt [2], blattunterseits schmale, etwa 3 mm lange, blattlausähnliche Larven mit dachförmiger Flügelstellung.
☂ Stark befallene Triebe entfernen. Chemische Bekämpfung siehe Seite 260.

Schildläuse (*Coccidae*)
🔍 Weißliche oder gelblich-braune Höcker auf der Pflanzenoberfläche [3]. Mit einer Nadel lassen sich die Schildläuse meist vom Pflanzengewebe abheben.
☂ An Einzelpflanzen kann man die Läuse mit einer alten Zahnbürste vom Pflanzengewebe ablösen und die Pflanzenteile sodann mit einem leicht ölgetränkten Wattebausch abreiben. Unter dem Ölfilm ersticken die Läuse. Bei mehreren Pflanzen oder stärkerem Befall sind Spritzbehandlungen mit Insektiziden (z. B. Mineralöl) erforderlich. Siehe auch Seite 260.

Thripse (*Frankliniella occidentalis, Thrips tabaci*)
🔍 Junge Blätter deformiert, Vegetationskegel verkrüppelt [4]. Blüten mit Stippen, Blütenränder verbräunt. In den Blüten, besonders in den Staubgefäßen, starke Vermehrung der Thripse.
☂ Befallene Pflanzenteile beseitigen. Unterglasbestände mit Blautafeln auf Befall kontrollieren. Die Kontrolle ist bei Jungpflanzen besonders wichtig, da bereits wenige Tiere zu Verkrüppelungen füh-

ren. Bei Freilandbeständen ist nur nach Massenvermehrungen eine Bekämpfung erforderlich. Zur Tilgung eines Befalls ist der frühe, wiederholte Einsatz von Insektiziden erforderlich (siehe Seite 262).

Weitere Krankheiten und Schädlinge: Wurzelälchen, Bodenuntersuchung erforderlich

4

Syringa, Flieder

Nährstoffreiche, schwach alkalische Standorte in voller Sonne sind hervorragende Standorte für Flieder. Nicht zu spät düngen, damit die Pflanzen im Herbst gut ausreifen.

Ringfleckenmosaik, Gelbringfleckenvirus, Fliederweißmosaik
Blätter mit chlorotischen, teils auch nekrotischen Linien und Ringmustern. Deformierte junge Blätter, mosaikartige Blattverfärbungen [5].
Bekämpfung siehe Seite 256.

5

Fliederseuche (*Pseudomonas syringae*)
Rinde an jüngsten Trieben streifig braun, später dunkel verfärbt. Triebe welken, faulen und knicken ab. Flecken auf den Blättern zunächst hell und wasserdurchtränkt. Triebspitzen und Blätter verfärben sich braun und trocknen ein [6].
Bekämpfung siehe Seite 256.

Hallimasch-Wurzel- und Stammfäule (*Armillaria* spp.)
Pflanze kümmert und stirbt ab. Im Herbst am Stammgrund braune Hut-

6

pilze. Wurzeln und Holz des Stammes weißfaul. Unter der Rinde weißes, flächiges Pilzmyzel oder schwarzbraune Pilzstränge (Rhizomorphe) 1.

☂ Kranke Pflanzen mit umgebender Erde vorsichtig entfernen. Alte Baumstümpfe beseitigen. Keine anfälligen Pflanzen nachpflanzen. Die Ausbreitung der Rhizomorphen im Boden eventuell durch Eingraben senkrechter Trennstreifen unterbinden.

Ascochyta-Blattfleckenkrankheit und Trieberkrankung (*Ascochyta syringae*)

🔍 Blätter mit bis zu 2 cm großen, aschgrauen, gezonten Flecken mit braunem Rand. Das verbräunte Gewebe trocknet ein und reißt auf 2. Dringt der Pilz in die Jungtriebe ein, so welken sie, verfärben sich braun und sterben ab.

☂ Kranke Pflanzenteile sofort abschneiden. Bei Infektionsgefahr im Frühjahr mit Kupferpräparaten spritzen.

Echter Mehltau (*Oidium syringae*)

🔍 Auf Blattober- und besonders Blattunterseiten sowie auch an den Blattstielen entsteht ein mehlig weißer Belag 3. Unter dem Belag ist das Gewebe braun verfärbt.

☂ Bekämpfung siehe Seite 257.

Welke- und Knospenkrankheit (*Phytophthora syringae, P. cactorum*)

🔍 Die Blätter der gesamten Krone sind aufgehellt und welken. Rinde und Holz der Stammbasis sind braun verfärbt. Bei nasser Witterung treten auch braunschwarze Blattflecken auf 4. Oftmals wird die Triebspitze mit einigen Knospenpaaren befallen. Soeben ausgetriebene Blütenstände verbräunen und sterben ab.

Bekämpfung siehe Seite 258.

Großer Frostspanner (*Erannis defoliaria*)
Kleiner Frostspanner (*Operophthera brumata*)

Fraßschäden an Blättern und Trieben zahlreicher frisch austreibender Laubgehölze. An den Blättern kleine grüne Spannerraupen 5.

An gefährdeten Bäumen Anfang November Leimringe (im Handel erhältlich) anbringen. Räupchen absammeln. Nistkästen für Vögel aufhängen. Ein Meisenpaar trägt zur Aufzucht der Brut bis zu 30 kg Raupen ein. Bei starkem Befall an jungen Pflanzen *Bacillus thuringiensis* einsetzen, siehe Seite 260.

Fliedermotte (*Xanthospilapteryx syringella*)

Grünweißliche Larven der Motte fressen zunächst hellgrün durchscheinende, später braun werdende, blasige Blattminiergänge. Befallene Blattteile vertrocknen, sind eingeschnürt und gewellt 6. Später rollen die Larven die Blattspitzen anderer Blätter nach unten ein und verspinnen diese zu einem Blattwickel, in dem sich die Raupen verpuppen.

Befallene Blätter möglichst entfernen. Biologische Bekämpfungsmaßnahmen mit *Bacillus thuringiensis* können vorgenommen werden, sobald die ersten hellen Blattminen auftreten, siehe Seite 260.

Fliederknospenrüssler (*Otiorhynchus lugdunensis*)

Knospen im Frühjahr von der Spitze

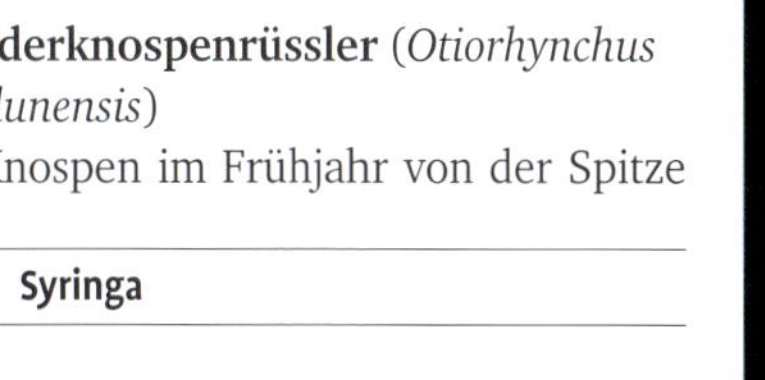

4

5

6

her angefressen. Nachtaktive, etwa 12 mm lange dunkle Käfer mit rotbraunen Beinen.

☂ Befallene Knospen umgehend abschneiden. Käfer nachts absammeln.

Taxus, Eibe

Frische Böden und hohe Luftfeuchtigkeit begünstigen die Entwicklung. Die Pflanzen sind kalkliebend. Der Boden sollte eine schwach saure bis stark alkalische Reaktion aufweisen. *Taxus* ist widerstandsfähig gegenüber Immissionen, jedoch salzempfindlich. Alle Pflanzenteile, mit Ausnahme des roten Samenmantels, sind giftig. *Taxus* sollte daher nicht an Kinderspielplätzen und Weiden gepflanzt werden.

Eibennapfschildlaus (*Eulecanium crudum*)

🔍 An Trieben und Blättern sind zahlreiche braune Schilde. Die starken Honigtau-Ausscheidungen der Läuse lassen die Pflanzen zunächst glänzend, klebrig erscheinen. Später, nach Ansiedlung von Schwärzepilzen, ist ein rußartiger Belag auf den Pflanzen [1].

☂ Bei stärkerem Befall sind Spritzbehandlungen mit Insektiziden (z. B. Mineralöl) erforderlich. Siehe auch Seite 260.

Gefurchter Dickmaulrüssler (*Otiorhynchus sulcatus*)

🔍 Die Blätter weisen typischen Buchtenfraß der Käfer auf. Häufig frisst der Käfer bei *Taxus* auch von der Blattspitze. Der Fraß an der Rinde von Jungtrieben führt zur Vergilbung einzelner Triebspitzen. Larven sind weiß mit brauner Kopfkapsel, bauchseits gekrümmt und bis zu 12 mm groß. Sie fressen an den Wurzeln und am Wurzelhals und verursachen Kümmerwuchs bzw. das Absterben einzelner Pflanzen [2].

☂ Der Einsatz insektenpathogener Nematoden (*Steinernema carpocapsae* oder *Heterorhabditis* sp.) hat sich bewährt. Je nach Befallsstärke werden 250 000–500 000 Nematoden pro m² bzw. 4000

Nematoden pro Liter Substrat gegossen. Die Bodentemperatur muss mindestens 13 °C betragen, auf gleichmäßige Bodenfeuchte ist zu achten.

Knospengallmilbe (*Phytoptus psilaspis*)

Die Knospen sind stark verdickt, siehe Bild 3 Seite 224. Diese Rundknospen treiben im Frühjahr gar nicht oder mit missgestaltetem Wuchs aus.

Rundknospen im Frühjahr, vor dem Austrieb, entfernen. Schnittgut von Heckenpflanzen ebenfalls beseitigen. Zur chemischen Bekämpfung siehe auch Seite 262.

Thuja, Lebensbaum

Der Boden sollte durchlässig sein und schwach sauer bis alkalisch reagieren. Die sonst widerstandsfähigen Pflanzen sind empfindlich gegen Luft- und Bodentrockenheit, Tropfenfall, Wurzeldruck und Streusalz.

Thujaminiermotte (*Argyresthia thuiella*)

Mehrere kleine Triebspitzen werden braun und fallen leicht ab 3. An der Basis des verbräunten Triebes befindet sich ein kleines Bohrloch. Im Trieb miniert die 3 mm lange Raupe der Motte.

Braune Triebspitzen abschneiden und entfernen. Bei starkem Befall kann der Einsatz eines Pyrethrum-Präparates zwischen Mitte Mai und Mitte Juni erforderlich werden.

Thujalaus (*Cinara cypressi*)

An den Trieben saugen relativ große Blattläuse 4. Die Schuppen fallen ab. Die starke Ausscheidung von Honigtau hat eine Schwärzung durch Rußtaupilze zur Folge.

Bekämpfung siehe Seite 259.

Weitere Krankheiten und Schädlinge:
Didymascella-Nadelbräune, Kabatina-Zweigsterben siehe Seite 162
Schildläuse siehe Seite 181

Vinca, Immergrün

Anspruchsloser Bodendecker, der sowohl in voller Sonne als auch im Schatten auf fast allen Böden gut gedeiht.

Blatt- und Stängelfäule (*Myrothecium roridum*)

Triebe, Blattstiel und Blattgrund mit wassergetränkten, schwarzen Faulstellen. Absterben zunächst einzelner Triebe [1]. Im Bestand breitet sich der Befall nesterweise aus.

Befallene Pflanzen entfernen, Luftfeuchte herabsetzen, Tropfstellen beseitigen.

Stängelfäule und Blatterkrankung (*Phoma exigua*)

Zunächst welken und verfärben sich einzelne Triebe [2], später kommt es zu herdförmigem Absterben der Pflanzen. Der Befall geht vom Stängelgrund aus, der sich schwarzbraun verfärbt. Auf den Faulstellen sind kleine, schwarze Fruchtkörper des Pilzes.

Befallene Pflanzen beseitigen. Andere Bodendecker nachpflanzen.

Rostkrankheit (*Puccinia vincae*)

Auf den Blättern eingesunkene, helle Flecken, blattunterseits zahlreiche kleine, braune Rostpusteln. Die Blätter sind gewellt und gerollt [3].
Die Pilzsporen werden durch die Luft verbreitet.

Untere kranke Blätter rechtzeitig entfernen. Für ein gutes Abtrocknen des Bestandes sorgen. Zur chemischen Bekämpfung siehe Seite 257.

Krankheiten und Schädlinge an Obstpflanzen

Apfel

1

Durch richtige Kombination von Unterlage und Edelsorte können ungünstige Klima- oder Bodenbedingungen weitgehend ausgeglichen werden. Zu hohe und relativ späte Stickstoffgaben sind zu vermeiden. Ausreichender Abstand und ein sachgerechter Baumschnitt, der möglichst viel Licht und Luft in das Kroneninnere bringt, sind wichtige Voraussetzungen für gesunde Bäume.

Stippigkeit (Kalziummangel)
🔍 Die Früchte weisen unter der Schale kleine braune Flecken (Stippen) auf [1], die teilweise auch durch die Schale zu erkennen sind.
☂ Für ausreichende Kalziumversorgung des Bodens (Bodenuntersuchung!) sorgen. Auf gleichmäßige Wasserversorgung und ausgewogene Düngung achten. Spritzen mit Kalzium (z. B. Düngal) nach Gebrauchsanleitung.

2

Apfelmosaik-Virus
🔍 Blätter mit gelben, mosaikartigen Flecken, gelblich weißen Ringen oder Linien [2].
☂ Nur virusgetestete Jungpflanzen verwenden. Direkte Bekämpfung nicht möglich, siehe Seite 256.

1

2

3

Triebsucht, Besentriebigkeit (Phytoplasmen)

🔎 Durch verstärkten Austrieb der Seitenknospen besenartige Triebe [1]. Nebenblätter abnorm vergrößert, kleinere Früchte und vorzeitiger Austrieb.

☂ Nur getestete Jungpflanzen verwenden. Junge Bäume möglichst umgehend entfernen und durch gesunde (getestete) ersetzen, siehe Seite 256.

Feuerbrand (*Erwinia amylovora*)

🔎 Blüten, später auch Blätter, färben sich braun-schwarz. Sie bleiben wie verbrannt an den Trieben hängen. Triebspitzen krümmen sich [2]. Bei hoher Feuchte auf den Befallsstellen Bakterienschleimtröpfchen. Auch an Birne, Quitte, Feuerdorn, Weißdorn, Scheinquitte u. a.

☂ Die Krankheit ist meldepflichtig, deshalb bei Befallsverdacht sofort Pflanzenschutzdienst (siehe Seite 264) oder Ordnungsamt verständigen. Nach Anweisung der Behörde werden befallene Pflanzen gerodet oder zumindest kräftig zurückgeschnitten. Eine chemische Bekämpfung ist nicht möglich, siehe Seite 256.

Kragenfäule (*Phytophthora cactorum*)

🔎 Meist von Veredlungsstelle ausgehende, später den ganzen Stamm umfassende Rindenfäule [3]. Kümmerwuchs, vorzeitiger Laubfall und Ertragsminderungen. Vor allem an 8- bis 15-jährigen Bäumen.

☂ Veredlungsstelle freihalten. Verletzungen vermeiden. Fallobst entfernen, da sich der Schadpilz darin stark vermehrt. Resistente Sorten bzw. Unterlagen verwenden.

Apfelmehltau (*Podosphaera leucotricha*)

🔍 Triebspitzen oder Blütenbüschel mit weißlichem, mehligem Pilzrasen [4]. Blätter eingerollt, meist aufrecht stehend, färben sich später braun und fallen ab.

☂ Befallene Triebspitzen (im Winter an spelzigen Knospen erkennbar) zurückschneiden. Bei stärkerem Befall mehrfache Spritzungen mit Duaxo Universal Pilzspritzmittel oder einem Netzschwefelmittel (z. B. COMPO Bio Mehltau-frei Thiovit Jet).

4

Apfelschorf (*Venturia inaequalis*)

🔍 Blätter mit olivgrünen, später braunschwarzen Flecken. Früchte je nach Infektionszeitpunkt mit kleinen, punktartigen, schwarzen Fleckchen oder größeren, grünlich braunen, samtartigen Flecken [5]. Bei Frühinfektionen reißt die Fruchtschale auf, die Früchte werden rissig und verkorken.

☂ Weniger anfällige Sorten wählen. Im Hausgarten Falllaub entfernen, auf dem der Schorfpilz überwintert. Spritzbehandlungen mit z. B. Duaxo Universal Pilzspritzmittel oder einem Schwefelmittel (z. B. COMPO Bio Mehltau-frei Thiovit Jet) sollten nur nach Warnmeldungen des Pflanzenschutzdienstes (siehe Seite 264) entsprechend der Witterung durchgeführt werden.

5

Obstbaumkrebs (*Nectria galligena*)

🔍 Meist von Wunden ausgehend stirbt die Rinde ab und sinkt ein. Durch Wundheilungsprozesse kommt es zu wulstartigen Krebsstellen [6]. Oberhalb der Krebsstellen kümmern die Triebe und sterben schließlich vollständig ab.

6

⛱ Krebsstellen sorgfältig ausschneiden, besser ganze Zweige entfernen. Wunden sorgfältig glattschneiden und mit einem Wundverschlussmittel behandeln. „Blattfallspritzungen" im Herbst mit Kupferspritzmitteln (z. B. Cueva Pilzfrei) zum Schutz der Blattnarben (Eintrittspforten) können das Infektionsrisiko mindern.

Polsterschimmel (*Monilinia fructigena*)
🔍 An reifenden Früchten braune Faulstellen mit konzentrischen Ringen von hellen Pilzpolstern (Sporenlager) 1.

⛱ Faule Früchte und überwinternde Fruchtmumien entfernen. Schutz vor Hagelschlag oder Insektenfraß, da die Infektion meist über Wunden erfolgt. Eine direkte Bekämpfung mit Pflanzenschutzmitteln ist derzeit nicht möglich.

Spinnmilben (*Panonychus ulmi* u. a.)
🔍 Zunächst helle Sprenkelung, später bronzeartige Färbung der Blätter, die schließlich vertrocknen und abfallen. Blattunterseits sehr kleine (etwa 0,5 mm) Milben. Die häufigste Art, die Obstbaumspinnmilbe (Rote Spinne), ist ziegelrot gefärbt und bildet kaum Gespinste. Die roten Wintereier der Obstbaumspinnmilbe 2 findet man mit der Lupe im Winter und im zeitigen Frühjahr besonders in Zweiggabeln oder am Fruchtholz.
⛱ Bei Verzicht auf breit wirksame Insektizide können sich die natürlichen Feinde der Spinnmilben (Raubmilben, Raubwanzen u. a.) meist so stark vermehren, dass eine Bekämpfung nicht erforderlich wird. Notfalls Spritzbehandlungen mit Kanemite SC. Bei starkem Wintereierbesatz Austriebsspritzung mit einem Präparat auf der Basis von Mineral- oder Rapsöl (z. B. Promanal Neu Austriebsspritzmittel oder Naturen Austriebs-Spritzmittel).

Grüne Apfelblattlaus (*Aphis pomi*)
🔍 Jungtriebe, Blattstiele und Blattunterseiten oft dicht mit grünen Blattläusen besetzt 3. Blätter rollen sich ein. Bei starkem Befall können Jungtriebe absterben. Verschmutzung der Pflanzen durch die zuckerhaltigen Ausscheidungen (Honigtau) und schwarze Rußtaupilze, die

sich darauf ansiedeln. Im Winter an Fruchtholz und Triebspitzen schwarz glänzende Wintereier.

Normalerweise halten Nützlinge wie Florfliegenlarven oder Marienkäfer die Blattläuse in Grenzen. Bei geringem Nützlingsbesatz notfalls mehrfach Spritzbehandlungen mit Neudosan Neu Blattlausfrei. Bei starkem Wintereierbesatz Austriebsspritzung mit einem Präparat auf der Basis von Mineral- oder Rapsöl (z.B. Promanal Neu Austriebsspritzmittel oder Naturen Austriebs-Spritzmittel).

3

Mehlige Apfelblattlaus (*Dysaphis plantagineus*)

Rötlich graue bis schwarze, später weiß bepuderte Läuse. Blätter rollen sich ein, Triebe verkümmern und Früchte sind verkrüppelt [4]. Bei starkem Befall können Jungtriebe absterben. Verschmutzung der Pflanzen durch die zuckerhaltigen Ausscheidungen (Honigtau) und schwarze Rußtaupilze, die sich darauf ansiedeln.

Bekämpfung siehe Grüne Apfelblattlaus.

4

Apfelfaltenlaus (*Dysaphis devecta*)

Auffällige, anfangs gelbe, später rötliche Blattfalten [5], in denen dunkle oder weiß bepuderte Läuse zu finden sind.

Auch bei relativ starkem Besatz kommt es in der Regel nicht zu größeren Schäden, sodass gezielte Behandlungen nicht erforderlich sind (siehe Grüne Apfelblattlaus).

5

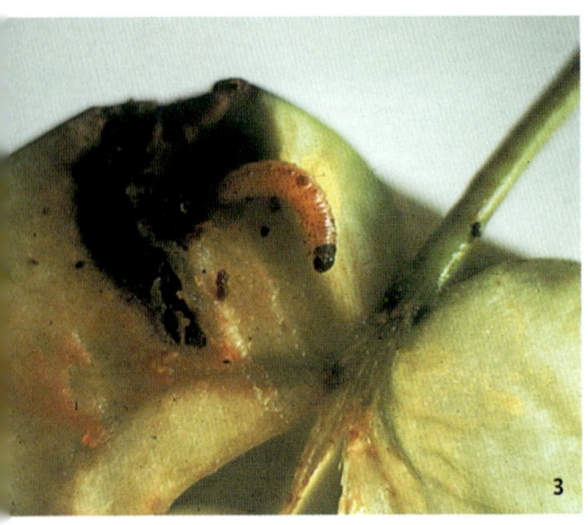

Blutlaus (*Eriosoma lanigerum*)

🔍 Dunkle Läuse unter weißen, wolligen Wachsausscheidungen [1] verursachen krebsartige Wucherungen an Trieben (Blutlauskrebs).

☂ Wegen Parasitierung durch die Blutlauszehrwespe (*Aphelinus mali*) ist meist keine Bekämpfung erforderlich. Ausnahmsweise Befallsstellen herausschneiden. Eine chemische Bekämpfung ist im Hausgarten derzeit nicht möglich.

Apfelblütenstecher (*Anthonomus pomorum*)

🔍 Der nur 4 mm große Rüsselkäfer [2] legt im Frühjahr je ein Ei in die Blütenknospen, die sich durch die Fraßaktivität der daraus schlüpfenden Larve nicht öffnen und vertrocknen. Im Sommer schlüpft der Käfer, der keinen Schaden verursacht und nach der Überwinterung an geschützten Stellen im kommenden Frühjahr wieder Blütenknospen mit Eiern belegt.

☂ Im Hausgarten ist eine gezielte Bekämpfung in der Regel nicht erforderlich, da eine gewisse Ausdünnung des Blütenansatzes sogar erwünscht ist.

Apfelwickler (*Cydia pomonella*)

🔍 Die als Obstmade bekannte Raupe erzeugt im Innern der Früchte einen Fraßgang mit Kotresten [3]. Die Früchte fallen vorzeitig ab und weisen ein Bohrloch auf.

☂ Kontrolle mit Pheromonfallen und Spritzbehandlungen mit z.B. Madex MAX (Apfelwickler-Granulosevirus) termingerecht (Mai/Juni) nach Warndiensthinweisen des Pflanzenschutzdienstes (siehe Seite 264).

Fruchtschalenwickler (*Adoxophyes reticulana* u. a.)

🔍 Überwinternde Raupe erzeugt „Naschfraß" am frischen Austrieb. Die neue Raupengeneration spinnt Blätter an Früchte [4] und verursacht darunter oberflächigen Schabefraß.

☂ Chemische Bekämpfung im Hausgarten zurzeit nicht möglich. Bei regelmäßigen Schäden Pflanzenschutzdienst befragen (siehe Seite 264).

Apfelsägewespe (*Hoplocampa testudinea*)

🔍 Junge Früchte werden ausgehöhlt und fallen ab. Sägewespenlarven wandern von Frucht zu Frucht (daher Ein- und Ausbohrlöcher an Einzelfrüchten). Junglarven verursachen spiralförmigen, verkorkenden Miniergang unter Fruchtschale [5].

☂ Befallene Früchte entfernen. Eine chemische Bekämpfung im Hausgarten ist derzeit nicht möglich.

Weitere Krankheiten und Schädlinge:

Viren

Gummiholzkrankheit

Wurzelkropf siehe Seite 212

Frostspanner siehe Seite 213

Birne

Im Vergleich zum Apfel stellt die wärmebedürftige Birne höhere Ansprüche an den Standort. Spätfröste und nasskalte Witterungsbedingungen gefährden die Birnenblüte. Wichtig ist die an Bodenbedingungen und Wuchsform angepasste Wahl der Unterlage. Ein sachgerechter Baumschnitt hat große Bedeutung für die

4

5

6

1

2

3

Gesunderhaltung. Dies gilt auch für eine mäßige und ausgeglichene Düngung.

Feuerbrand (*Erwinia amylovora*)

Blüten und später auch Blätter färben sich braun-schwarz. Sie bleiben wie verbrannt an den Trieben hängen, siehe Bild 6 Seite 209. Infizierte Triebspitzen krümmen sich oft krückstockartig. Bei hoher Feuchte bilden sich auf den Befallsstellen zunächst helle, später bernsteinfarbene Bakterienschleimtröpfchen. Der Erreger befällt auch Apfel, Quitte, Felsenmispel, Feuerdorn, Weißdorn, Scheinquitte u. a. Gehölze.

Gegenmaßnahmen siehe Feuerbrand an Apfel (Seite 204).

Birnengitterrost (*Gymnosporangium fuscum*)

Blattoberseits zunächst gelbe, später intensiv rote, rundliche Flecke 1. Blattunterseits an gleichen Stellen auffallende gitterkorbähnliche Pusteln. Der Rostpilz ist auf einen Wirtswechsel mit Wacholder (*Juniperus*-Arten) angewiesen, auf dem er überwintert. Die Neuinfektionen der Birne erfolgen jährlich neu stets von Wacholder.

Möglichst die Nachbarschaft von Birne und Wacholder vermeiden. Der Pilz verursacht zwar ein sehr auffälliges Schadbild, der Schaden an Birnbäumen hält sich jedoch meist in Grenzen, sodass eine chemische Bekämpfung nicht erforderlich wird. Bei Einsatz von Duaxo Universal Pilzspritzmittel gegen Schorf wird auch der Rostpilz bekämpft.

Birnenpockenmilbe (*Eriophyes piri*)

Blätter mit zahlreichen schwielenartigen, hellgrün-rötlichen, später dunkelbraunen Pocken [2]. Die etwa 0,1 mm kleinen, weißlichen Gallmilben überwintern zwischen den Knospenschuppen, von wo aus sie während des Austriebs die jungen Blättchen befallen.

☂ Eine Bekämpfung ist selten erforderlich und sehr schwierig. Schwefelspritzungen vor der Blüte können den Befall eindämmen.

Birnblattsauger (*Psylla pirisuga, Psylla piri*)

🔍 Die Larven der blattlausähnlichen Schädlinge [3] führen schon ab Austrieb durch ihre Saugtätigkeit und starke Honigtau-Ausscheidung zum Verkleben der Knospenbüschel und zu Triebmissbildungen. Später Ansiedlung von Rußtaupilzen, Absterben der Blätter und Hemmung des Triebwachstums.

☂ Austriebsspritzungen mit einem Präparat auf der Basis von Mineral- oder Rapsöl (z.B. Promanal Neu Austriebsspritzmittel oder Naturen Austriebs-Spritzmittel) reduzieren den Befall.

Birnengallmücke (*Contarinia pyrivora*)

🔍 Junge Früchte verdicken kugelförmig, werden schwarz und fallen vorzeitig ab. Im Innern fressen mehrere kleine weiße bis hellgelbe Maden [4]. Diese verlassen die abgefallenen Früchte und verpuppen sich im Boden. Im Frühjahr legen die Mücken ihre Eier in die Blüte.

☂ Befallene Früchte, vor allem abgefallene, frühzeitig entfernen.

Birnentriebwespe (*Janus compressus*)

🔍 Im Frühjahr am einjährigen Trieb spiralig angeordnete Einstiche mit wulstigem Rand. In der Folge welkt die Triebspitze, Blätter rollen sich ein und sterben unter Schwarzfärbung ab [5]. Im Mark des Triebes frisst von Juni bis September eine etwa 1 cm große, gelblich weiße Larve, die dort auch überwintert.

☂ Befallene Triebe herausschneiden.

4

5

Weitere Krankheiten und Schädlinge:
Viren, Wurzelkropf siehe nebenstehend
Bakterienbrand
Obstbaumkrebs siehe Seite 205
Apfelwanze, Schildläuse
Wicklerraupen, Apfelwickler siehe Seite 208
Frostspanner siehe Seite 213

Kirsche

Kirschen bevorzugen einen nicht zu schweren tiefgründigen Boden ohne Staunässe. Spätfrostgefährdete Lagen sollten möglichst gemieden werden. Vor allem Frühkirschen eignen sich nur für relativ warme Standorte. Nur vorsichtig düngen.

Wurzelkropf (*Agrobacterium tumefaciens*)

Am Wurzelhals oder an den Wurzeln krebsartige Wucherungen [1], die die Wasser- und Nährstoffversorgung beeinträchtigen und die Bruchfestigkeit mindern (erhöhte Gefahr von Windbruch). Auch an vielen anderen Obst- und Ziergehölzen.

Befallene Wurzeln bei Jungpflanzen nicht abschneiden, sondern ganze Pflanze verwerfen. Bei Neupflanzung ausreichend große Pflanzgrube mit befallsfreier Erde füllen. Eine chemische Bekämpfung ist nicht möglich, siehe Seite 256.

3

4

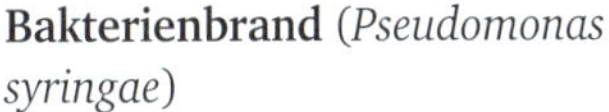

Bakterienbrand (*Pseudomonas syringae*)

Schwarzwerden und Absterben der Blüten. Blätter zunächst mit sehr kleinen Flecken, später durchlöchert (Schrotschusseffekt) [2]. Dunkle Faulstellen und Deformationen an den Früchten. An jungen Trieben eingesunkene dunkle, längliche Brandstellen, die aufreißen können. Besonders bei nasser Frühjahrswitterung.

Chemische Bekämpfung nicht möglich, deshalb widerstandsfähige Sorten bevorzugen.

Spitzendürre und Polsterschimmel (*Monilinia laxa, M. fructigena*)

Schlagartiges Verbräunen und Absterben von Blüten, später auch der Blätter und ganzer Zweige von der Spitze her. Die vertrockneten Blüten und Blätter bleiben den ganzen Sommer über an den Zweigen hängen. Auf faulenden Früchten entstehen graue oder gelbliche Pilzpolster. Befallene Früchte schrumpfen mumienartig ein [3] und bleiben bis zum nächsten Jahr hängen (wichtige Infektionsquellen!). Die Infektion erfolgt während der Blüte bei nasser Witterung.

Befallene Zweige bis ins gesunde Holz herausschneiden. Fruchtmumien entfernen. Bei Befallsgefahr kurz vor, Mitte und Ende der Blüte drei Spritzungen mit einem bienenungefährlichen Mittel (z.B. Duaxo Universal Pilzspritzmittel oder Bayer Garten Obst-Pilzfrei Teldor). Gegen Fruchtbefall im Stadium der Gelbfärbung behandeln.

Frostspanner (*Operophthera brumata, Hibernia defoliaria*)

Grüne Räupchen mit drei weißlichen Seiten- sowie einem dunkelgrünen Mittelstreifen befressen zunächst die Blatt- und Blütenknospen, später Blatt- und Blütenbüschel, oft bleibt nur das Blattgerippe stehen. An den Früchten kommt es zu Hohlfraß [4].

Spätestens Anfang Oktober Leimringe an den Stämmen anbringen, um die flugunfähigen Weibchen auf ihrem Weg zur Baumkrone zu fangen. Wichtig ist, dass die Leimringe dicht und fest anliegen und der Leimauftrag gegebenenfalls im Früh-

1

2

3

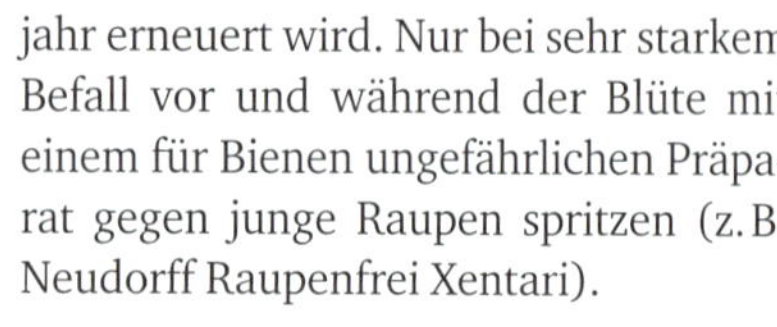
jahr erneuert wird. Nur bei sehr starkem Befall vor und während der Blüte mit einem für Bienen ungefährlichen Präparat gegen junge Raupen spritzen (z.B. Neudorff Raupenfrei Xentari).

Schlangenminiermotte (*Lyonetia clerkella*)

Blätter mit schlangenartigen Miniergängen [1], in denen kleine Räupchen fressen.

Besondere Bekämpfungsmaßnahmen in der Regel nicht erforderlich.

Schwarze Kirschblattwespe (*Caliroa cerasi*)

Bis zu 1 cm lange, grünliche bis schwärzliche, schleimig glänzende, schneckenähnliche Larven [2] verursachen meist blattoberseits Schabefraß. Die etwa 5 mm große, schwarze Wespe tritt in zwei Generationen pro Jahr auf, wobei die zweite (Juli/August) schädlicher ist.

Für die chemische Bekämpfung im Hausgarten sind zurzeit keine Pflanzenschutzmittel zugelassen.

Kirschessigfliege (*Drosophila suzukii*)

Die nur 2 bis 3 mm kleine Kirschessigfliege ritzt die Haut reifer Früchte an und legt in die Wunde ihre Eier. An der Eiablagestelle entstehen eingesunkene Flecken und im Innern der Frucht entwickeln sich mehrere bis 6 mm lange, glasig-weißliche Maden. Befallene Früchte werden schnell weich und brechen innerhalb weniger Tage zusammen. Sekundärbefall durch Fäulniserreger und Essigbakterien [3].

Eine chemische Bekämpfung ist nicht möglich. Mit engmaschigen Insektenschutznetzen (0,8 mm Maschenweite) kann man den Befall reduzieren. Befallene Früchte möglichst umgehend entsorgen (nicht auf den Komposthaufen).

Kirschfruchtfliege (*Rhagoletis cerasi*)
Weißliche, kopf- und fußlose, bis 6 mm lange Maden in den Früchten. Die 4–5 mm große Bohrfliege trägt auf den glasklaren Flügeln drei typische braune Querbinden [4]. Zu Beginn der Fruchtfärbung legt sie ihre Eier meist einzeln in die Früchte. Nach einer Woche schlüpfen die Maden, die das Fruchtfleisch um den Kern herum zerfressen. Nach etwa drei Wochen verlässt die Made die reife Frucht und verpuppt sich im Boden.
Bei mäßigem Befall im Vorjahr reicht in der Regel das Aufhängen von gelben, leimbestrichenen Kirschfruchtfliegenfallen. Für die chemische Bekämpfung sind derzeit für den Hausgarten keine Mittel zugelassen.

Weitere Krankheiten und Schädlinge:
Viren siehe Seite 256
Valsa-Rindenerkrankung
Schrotschusskrankheit
Blattbräune

Pflaume, Zwetschge

Die im Vergleich zur Kirsche relativ anspruchslosen Pflaumen und Zwetschgen gedeihen am besten in geschützten Lagen auf leichten, humosen Böden mit ausreichender Wasserversorgung. Der Baumschnitt sollte für viel Licht und Luft im Kroneninneren sorgen.

4

5

Scharka- oder Pockenkrankheit (Scharka-Virus)
Oberfläche der Früchte gefurcht oder pockenartig missgestaltet [5]. Fruchtfleisch gummiartig. Auf den Blättern band- oder ringförmige Aufhellungen, siehe Bild [1] Seite 216. Das gefährliche Virus wird von Blattläusen übertragen.
Die Krankheit ist meldepflichtig. Kranke Bäume müssen in der Regel entfernt werden. Nur virusgetestete Jungpflanzen verwenden.

1

2

3

Fruchtfäule und Spitzendürre (*Monilinia fructigena, M. laxa*)

Meist von Verletzungen ausgehend, entwickeln sich auf faulenden Früchten graue oder gelbliche Pilzpolster [2]. Befallene Früchte schrumpfen mumienartig ein und bleiben bis zum nächsten Jahr hängen (wichtige Infektionsquellen!). Besonders bei Pflaume und Reneklode werden oft ganze Fruchtbüschel erfasst. Im Gegensatz zu Kirschen tritt die Spitzendürre (Triebinfektion) bei Pflaume nur selten auf.

Faulende Früchte und Fruchtmumien entfernen. Bei Auftreten von Spitzendürre befallene Zweige bis ins gesunde Holz herausschneiden. Bei Befallsgefahr kurz vor, Mitte und Ende der Blüte bis zu drei Spritzungen mit Teldor. Gegen Fruchtbefall im Stadium der Gelbfärbung behandeln.

Narren- oder Taschenkrankheit (*Taphrina pruni*)

Verunstaltungen der Früchte, meist länglich, gekrümmt und flach mit Eindellungen. Zur Zeit der Sporenbildung (Mai/Juni) sind die Früchte von weißem Pilzrasen bedeckt [3].

Befallene und eingetrocknete Früchte im Winter absammeln, da von ihnen Neuinfektionen ausgehen. Eine chemische Bekämpfung ist zurzeit nicht möglich.

Pflaumen- oder Zwetschgenrost (*Tranzschelia pruni-spinosae*)

Blattoberseits gelbliche Fleckchen. Blattunterseits braune oder schwarze Pusteln (Sporenlager) [4]. Blätter können verbräunen und vorzeitig abfallen. Nach Überwinterung auf dem Falllaub werden im Frühjahr zunächst Anemonen und von dort aus im Sommer Pflaume oder Zwetschge infiziert.

☂ Meist nur geringer Schaden, sodass eine chemische Bekämpfung meist nicht erforderlich ist.

Pflaumensägewespen (*Hoplocampa flava* und *H. minuta*)

🔍 Abfallen junger Früchte, die ein Bohrloch aufweisen 5. Im Innern weißliche Larve mit Kotkrümeln. Die Larven verpuppen sich im Boden. Im folgenden Frühjahr legen die Sägewespen zur Blütezeit ihre Eier an die Kelchblätter.

☂ Geringer Befall unbedenklich. Zur chemischen Bekämpfung im Hausgaren sind derzeit keine Pflanzenschutzmittel zugelassen.

Pflaumenwickler (*Laspeyresia funebrana*)

🔍 Vorzeitig reifende und abfallende Früchte weisen ein Bohrloch mit Gummitropfen auf. Fruchtinneres von rötlicher Made zerfressen und mit Kotkrümeln gefüllt 6. Schädlich ist vor allem die zweite Generation (Juli/August).

☂ Abgefallene Früchte regelmäßig sammeln und vernichten. Zur chemischen Bekämpfung im Hausgarten sind derzeit keine Pflanzenschutzmittel zugelassen (Pflanzenschutzdienst befragen, siehe Seite 264).

Weitere Krankheiten und Schädlinge:
Viren, Bakterienbrand, Blattläuse siehe Seite 259
Schildläuse, Spinnmilben siehe Seite 261
Kirschessigfliege siehe Seite 214.

4

5

6

Pfirsich, Aprikose

Pfirsich und Aprikose sind besonders wärmebedürftig. Besonders geeignet sind Standorte in Gebieten mit Weinklima ohne starke Winterfröste. Der Boden sollte tiefgründig, humos, kalkhaltig und relativ leicht sein. Im Vergleich zu anderen Baumobstarten verlangt der Pfirsich eine eher reichliche Nährstoffversorgung.

1

Pfirsich-Kräuselkrankheit (*Taphrina deformans*)
🔍 Blätter mit zunächst weißlich gelben, später intensiv roten, blasigen Auftreibungen [1]. Befallene Blätter können vertrocknen und abfallen. Bei starkem Befall kommt es zur Schwächung des Baumes und dadurch zu Ertragsminderung.
☂ Weniger anfällige Sorten bevorzugen.

Pfirsichschorf (*Venturia pruni cerasi*)
🔍 Früchte fleckig mit dunklen Belägen, schorfig-rissig [2].
☂ Befallene Früchte entfernen. Chemische Bekämpfung ist in der Regel nicht erforderlich.

Weitere Krankheiten und Schädlinge:
Viren, Bakterienbrand siehe Seite 256
Polsterschimmel siehe Seite 206
Blattläuse siehe Seite 259
Schildläuse, Wicklerraupen siehe Seite 217
Spinnmilben siehe Seite 261

2

Erdbeere

Die wärmebedürftigen Erdbeeren benötigen einen humusreichen, nicht zu Staunässe neigenden Boden. Für ausreichende Wasserversorgung ist Sorge zu tragen. Nicht zu enge Pflanzung und eine Mulchauflage aus Stroh mindern das Fäulerisiko. Am besten verwendet man hochwertige Jungpflanzen mit Gütezeichen. Außerdem ist eine möglichst weitgestellte Fruchtfolge einzuhalten.

Grauschimmel (*Botrytis cinerea*)

Bereits unreife Früchte mit braunen Faulstellen. Später wird die ganze Frucht weichfaul. Die Befallsstellen überziehen sich bald mit einem mausgrauen Pilzrasen [3].

Bodenkontakt der Früchte durch Auslegen von Stroh oder Holzwolle vermeiden. Befallene Früchte frühzeitig entfernen. Notfalls Spritzbehandlungen mit z. B. Bayer Garten Obst-Pilzfrei Teldor.

Rhizomfäule, Lederbeeren (*Phytophthora cactorum*)

Pflanzen welken. Das Rhizom ist im Inneren von einer rotbraunen Fäule erfasst [4]. Früchte werden braun, gummi- oder lederartig und faulen schließlich ohne den typischen Pilzrasen der Grauschimmelfäule.

Aus befallenen Beständen keine Jungpflanzen gewinnen. Mehrjährigen Fruchtwechsel einhalten. Gegen die Fruchtfäule Stroh oder Holzwolle unterlegen. Notfalls Jungpflanzen in Spezial-Pilzfrei Aliette tauchen.

Verticillium-Welke (*Verticillium alboatrum*)

Mit dem Einsetzen warmer, trockener Sommerwitterung beginnen zunächst die älteren Blätter zu welken. An den Stielen und Ranken entstehen lang gestreckte dunkle Flecke. Im Rhizom ganz oder teilweise braun verfärbter Gefäßring. Pflanzen kümmern und können vollständig absterben [5].

Aus befallenen Beständen keine Jungpflanzen gewinnen. Mehrjährigen Fruchtwechsel einhalten.

Erdbeermehltau (*Podosphaera aphanis*)

Einrollen der Blätter. Meist blattunterseits, aber auch auf den Blütenstielen, ein feiner mehlartiger Belag [1].

Chemische Maßnahmen sind in der Regel nicht erforderlich, da die Pflanzen einen relativ starken Befall tolerieren. Weniger anfällige Sorten bevorzugen. Starke Stickstoffdüngung vermeiden.

Weißfleckenkrankheit (*Mycosphaerella fragariae*)

Relativ kleine, grauweiße oder braune Blattflecke mit rotem Rand [2]. Bei starkem Befall können die Flecke zusammenfließen und die Blätter vertrocknen.

Chemische Maßnahmen meist nicht erforderlich, da die Pflanzen einen relativ starken Befall tolerieren. Befallenes Laub im Herbst beseitigen. Einseitige Düngung vermeiden.

Getüpfelter Tausendfuß (*Blaniulus guttulatus*)

Fraß an reifen Erdbeerfrüchten [3] durch relativ kleine, wurmartige, 1–2 cm große Tausendfüßler, die an beiden Seiten je eine Reihe auffälliger, rötlicher Punkte aufweisen.

Bodenkontakt der Früchte durch Auslegen von Stroh oder Holzwolle vermeiden. Befallene Früchte frühzeitig entfernen. Mit Kartoffel- oder Möhrenscheiben als Köder können die Tausendfüßler bereits vor der Fruchtreife gefangen werden.

Erdbeerblütenstecher (*Anthonomus rubi*)

Blütenstiele werden von den etwa 4 mm großen Käfern angenagt und kni-

cken um, die Knospen welken oder fallen ab [4]. In den welkenden Knospen entwickeln sich die Larven der Käfer.
☂ Zur chemischen Bekämpfung im Hausgarten sind derzeit keine Pflanzenschutzmittel zugelassen.

Weitere Krankheiten und Schädlinge:
Viren
Blattfleckenkrankheiten (verschiedene Pilze)
Blattälchen
Schnecken
Wicklerraupen
Wurzelälchen
Erdbeermilbe
Erdbeerstängelstecher
Kirschessigfliege siehe Seite 214

4

Himbeere

Die Himbeere erfordert einen leicht sauren, gut humosen, tiefgründigen, nährstoffreichen Boden mit guter Struktur. Die Bodenoberfläche sollte zur Erzielung einer gleichmäßigen Feuchte stets mit einer Mulchschicht aus organischem Material bedeckt sein. Ein geschützter, sonniger Standort ist von Vorteil, wobei allerdings bedacht werden muss, dass die Himbeere gegen Hitze und Trockenheit empfindlich ist.

5

Himbeervirosen (verschiedene Viren)
🔍 Allgemeine Wuchshemmung und Ertragsminderung. Hell-dunkelgrüne Mosaikfleckung, Adernaufhellung und Blattmissbildungen [5]. Die Viren werden von Blattläusen übertragen, z.B. von der Großen Himbeerblattlaus (*Nectarosiphon idaei*).
☂ Sehr stark befallene Pflanzen ersetzen. Nur virusgetestetes Pflanzenmaterial verwenden.

Himbeer-Rutenkrankheit (*Didymella applanata, Leptosphaeria coniothyrium*)
⚲ An den einjährigen Ruten zunächst blauviolette Flecke, die sich später zu größeren dunklen Stellen erweitern [1]. Im Spätsommer platzt die Rinde auf, und die Ruten sterben schließlich vollständig ab.
☂ Abgetragene Ruten bereits im Sommer tief abschneiden. Lichter Stand, ausgeglichene Düngung, Bodenabdeckung mit organischem Material (Kompost, Stroh u. a.) wirken der Krankheit entgegen.

Himbeerkäfer (*Byturus tomentosus*)
⚲ In den Blütenknospen und Blüten fressen 4–5 mm lange braune Käfer. Die gelblichen Larven dieser Käfer leben als Maden (Himbeerwurm) in den Früchten [2].
☂ Derzeit sind keine Pflanzenschutzmittel zugelassen.

Weitere Krankheiten und Schädlinge:
Viren, Wurzelkropf siehe Seite 212
Grauschimmelfäule siehe Seite 219
Phytophthora-Wurzelfäule
Blattläuse
Kirschessigfliege siehe Seite 214

Brombeere

Die Brombeere hat ähnliche Ansprüche wie die Himbeere (siehe dort).

Brombeerrost (*Phragmidium violaceum*)
⚲ Blattoberseits dunkelrote Flecke, blattunterseits zunächst orangerote, später braune und schwarze pustelartige Sporenlager [3].
☂ Bekämpfung in der Regel nicht erforderlich.

Brombeergallmilben (*Acalitus essigi*)
🔍 Früchte bleiben kleiner und sind stellenweise oder vollständig rot gefärbt (ungenießbar) 4. Blätter und Triebe zum Teil hell gesprenkelt.
☂ Kräftiger Rückschnitt. Spritzungen mit einem Rapsölpräparat (z. B. Naturen Schädlingsfrei). Die erste Behandlung erfolgt bei einer Länge der Seitentriebe von etwa 20 cm, zwei weitere Spritzungen folgen im Abstand von 7–10 Tagen.

3

Weitere Krankheiten und Schädlinge: An Brombeere kommen oft die gleichen Krankheiten und Schädlinge vor wie an Himbeeren, siehe Seiten 221 und 222.

4

Johannisbeere

Die Johannisbeere gedeiht am besten auf humusreichen, durchlässigen, nicht zu schweren Lehmböden. Von Vorteil ist das Abdecken der Bodenoberfläche mit organischem Mulchmaterial. An das Klima werden keine besonderen Ansprüche gestellt.

Säulenrost (*Cronartium ribicola*)
🔍 Fast nur an Schwarzer Johannisbeere entstehen blattunterseits im Frühsommer zunächst hell- bis orangegelbe pustelartige Sommersporenlager 5, blattoberseits helle Flecke. Die Sporen aus diesen Lagern können während des Sommers erneut Johannisbeeren infizieren. Im Hochsommer entsteht dann auf den gleichen Blättern eine neue Sporenform in säulchenförmig abstehenden Lagern. Diese Sporen können ausschließlich die Weymouthskiefer befallen, wo der Pilz

5

1

2

3

den sogenannten Blasenrost [1] erzeugt. Die Erstinfektion der Johannisbeere erfolgt im Frühjahr stets von blasenrostkranken Weymouthskiefern.

☂ Da es sich um einen wirtswechselnden Rostpilz handelt, sollten Johannisbeeren und Weymouthskiefern möglichst weit auseinander stehen. Chemische Bekämpfung meist nicht sinnvoll.

Johannisbeerblasenlaus (*Cryptomyzus ribis*)

🔍 Blätter mit blasenartigen, meist rot gefärbten Auftreibungen [2]. Blattunterseits in den Aufwölbungen gelblich grüne Blattläuse. Blätter können vertrocknen und abfallen. Verschmutzung durch Honigtau und Rußtau.

☂ Nur bei regelmäßig starkem Befall sind Spritzbehandlungen mit z. B. Neudosan Neu Blattlausfrei oder einem ähnlichen Mittel erforderlich.

Rundknospen (*Cecidophyopsis ribis*)

🔍 Ballonartig angeschwollene Knospen [3] werden von der Johannisbeergallmilbe hervorgerufen. Die nur 0,2–0,3 mm großen Gallmilben leben in großer Zahl (bis zu 30000) in den missgebildeten Knospen. Die befallenen Knospen entwickeln sich nicht normal weiter und verbräunen zum Sommer hin. Im April-Mai verlassen die Gallmilben die Knospen, wandern auf der Pflanze umher und werden auch vom Wind auf andere Sträucher verbreitet. Ab Mai/Juni dringen sie dann in die neu angelegten Knospen ein, die im kommenden Jahr austreiben sollen.

☂ Befallene Knospen oder ganze Zweige frühzeitig entfernen und vernichten. Bei starkem Befall kräftiger Rückschnitt und

Neuaufbau aus Basisaugen. Vor und nach dem Austrieb mit Naturen Schädlingsfrei spritzen.

Weitere Krankheiten und Schädlinge:
Blattfallkrankheit, Stachelbeermehltau
Botrytis-Grauschimmel siehe Seite 219
Blattwanzen, Schildläuse
Stachelbeerblattwespe
Wicklerraupen

Stachelbeere

Die Ansprüche der Stachelbeere gleichen denen der Johannisbeere (siehe dort).

Amerikanischer Stachelbeermehltau (*Sphaerotheca mors-uvae*)
Weißer, mehliger Belag, vor allem im Bereich der Triebspitzen, später auf den Beeren [4]. Dort färbt sich der Pilzrasen später braun.
Rückschnitt der Triebspitzen, in denen der Pilz überwintert. Stickstoffüberdüngung vermeiden. Weniger anfällige Sorten bevorzugen. Vorbeugend können Spritzungen mit einem Schwefelpräparat (z. B. COMPO Bio Mehltau-frei Thiovit Jet) durchgeführt werden.

Stachelbeerblattwespen (*Pteronidea ribesii, Pristiphora pallipes*)
Von innen nach außen fortschreitender, plötzlicher Kahlfraß durch grüne, raupenähnliche, etwa 2 cm große Larven mit schwarzen, behaarten Wärzchen [5]. Die Schädlinge treten in zwei bis vier Generationen von Mai bis August auf.
Sträucher regelmäßig kontrollieren und Larven mechanisch vernichten (wirksame

4

5

Pflanzenschutzmittel sind zurzeit für den Einsatz im Hausgarten nicht zugelassen).

Weitere Krankheiten und Schädlinge:
Becherrost
Blattfallkrankheit
Blattläuse
Schildläuse

Haselnuss

Die Haselnuss stellt weder an den Boden noch an das Klima besondere Ansprüche. Lediglich sehr trockene Standorte sind weniger geeignet.

Haselnussbohrer (*Curculio nucum*)
Der 6–9 mm große Rüsselkäfer mit auffällig langem, dünnem, rüsselartig gebogenem Kopf bohrt die unreifen Früchte an und legt ein Ei hinein. Von der bis zu 8 mm langen, gelblich weißen Larve mit brauner Kopfkapsel wird der Kern zerfressen. Die Nüsse weisen ein Bohrloch auf [1] und fallen vorzeitig ab.
Die Bekämpfung ist nur bei sehr starkem Befall zur Zeit des Reifungsfraßes Mitte Mai bis Anfang Juni sinnvoll (Pflanzenschutzdienst befragen, siehe Seite 264).

Weitere Krankheiten und Schädlinge:
Blattläuse
Knospengallmilbe
Schildläuse

Walnuss

Die anspruchsvolle Walnuss bevorzugt einen tiefgründigen, warmen, sandigen Lehmboden mit guter Wasserführung. Wegen der hohen Wärmeansprüche gedeiht die Walnuss besonders in Gegenden mit Weinklima an vollsonnigen Standorten.

Papiernüsse (abiotische Ursache)
Die Nüsse weisen, vor allem im Spitzenbereich, eine extrem dünne Schale auf. Teilweise auch Löcher [2], die mit Fraßschäden verwechselt werden können.
Die genaue Ursache dieser physiologischen Störung ist nicht bekannt. Verstärktes Auftreten nach nasskalten Sommern. Auch Sorteneigenschaften scheinen eine Rolle zu spielen.

Bakterienbrand (*Xanthomonas juglandis*)
Meist nur nach anhaltend nasser Frühjahrswitterung entstehen eckig be-

grenzte, anfangs wässrige Blattflecke, die sich später braun färben. Blattadern schwarz. Auch Früchte können schwarzfleckig werden [3]. Jungtriebe sterben bei starkem Befall von der Spitze her ab.
☂ Chemische Bekämpfung nicht möglich.

Marssonina-Krankheit (*Marssonina juglandis*)
🔍 Dunkelbraune, unregelmäßig begrenzte Blattflecke [4]. Unterseits ringförmig angeordnete, kleine, schwarze Punkte (Sporenlager). Grüne Früchte mit schwarzen kleinen Flecken, die zusammenfließen. Blätter und Früchte fallen vorzeitig ab. Vor allem bei anhaltend nasser Sommerwitterung.
☂ Befallenes Falllaub beseitigen. Chemische Behandlung meist nicht sinnvoll. Bei regelmäßig sehr starkem Befall Pflanzenschutzdienst befragen (siehe Seite 264).

Walnussfruchtfliege (*Rhagoletis completa*)
🔍 Die 4 bis 8 mm großen, auffällig gefärbten Fliegen legen ihre Eier in die grüne Schale. Die aus den Eiern schlüpfenden kleinen, hellen Larven fressen im Fruchtfleisch ohne die Nuss selbst zu schädigen. Befallene Früchte färben sich schwarz und werden weich-schleimig, sodass eine Verwechslung mit der Marssonina-Krankheit (siehe zuvor) besteht [5].
☂ Eine chemische Bekämpfung ist nicht möglich. Vorbeugend wirken das Aufsammeln und Entsorgen kranker Früchte. Das Aufhängen von Gelbtafeln kann den Befall reduzieren.

3

4

5

Weitere Krankheiten und Schädlinge:
Blattläuse
Wicklerraupen
Walnussfilzgallmilbe

Weinrebe

Die Weinrebe stellt hohe Ansprüche an das Klima. Nicht zu Unrecht spricht man vom typischen Weinklima. Für die Rebe ist ein sehr warmer, vollsonniger Standort ideal. Extreme Frostlagen sind unbedingt zu vermeiden. Dennoch können Reben auch außerhalb von Gebieten mit typischem Weinklima in geschützten Lagen, z. B. an Südwänden, angebaut werden. Der Boden sollte durchlässig und leicht erwärmbar sein.

1

2

Echter Mehltau (*Uncinula necator*)
Überwiegend blattoberseits grau-weiße, mehlartige Beläge, unter denen bald dunkle Blattflecke entstehen. In der Folge welken die Blätter und fallen ab. Befall auch auf den Beeren, die aufplatzen (Kern- oder Samenbruch) 1 und meist nach Sekundärbefall durch andere Erreger faulen.
Zu hohe Stickstoffdüngung vermeiden. Widerstandsfähige Sorten bevorzugen. Bei regelmäßig starkem Befall vorbeugend ab Austrieb bis zur Blüte mehrfach mit einem Schwefelpräparat (z. B. COMPO Bio Mehltau-frei Thiovit Jet) spritzen.

Falscher Mehltau (*Plasmopara viticola*)
Zunächst blattoberseits „Ölflecke" und später an entsprechender Stelle blattunterseits ein weißer Pilzrasen 2. Stark befallene Blätter fallen ab. Befallene Beeren färben sich bläulich braun und trocknen ein (Lederbeeren).
Da der Pilz auf befallenen Blattresten überwintert, sollten diese eingesammelt und verbrannt oder sachgerecht kompostiert werden. Spritzbehandlungen können mit einem Kupferspritzmittel (z. B. Cueva Pilzfrei) durchgeführt werden. Wichtig ist vor allem eine Behandlung zum Ende der Blüte.

3

Grauschimmel (*Botrytis cinerea*)

Vor allem bei anhaltend feuchtem Wetter oder nach Verletzungen durch Wespenfraß oder Schädlingsbefall faulen die Beeren. Typisch ist der dichte graue Schimmelrasen [3]. Ein leichter Grauschimmelbefall kurz vor der Ernte kann erwünscht sein und dem Wein den typischen *Botrytis*-Ton geben (Edelfäule).

Frühreifende und lockerbeerige Sorten sind weniger gefährdet. Für ausreichende Durchlüftung sorgen, eventuell zu dichte Trauben ausbeeren. Notfalls Spritzbehandlungen mit Bayer Garten Obst-Pilzfrei Teldor.

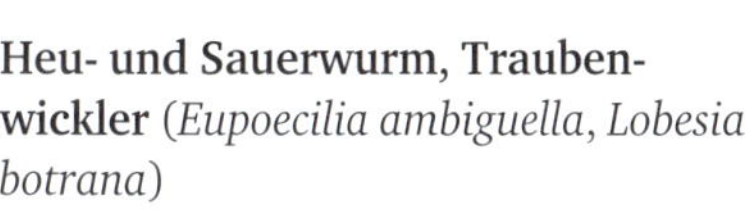

Heu- und Sauerwurm, Traubenwickler (*Eupoecilia ambiguella, Lobesia botrana*)

Die erste Generation der Traubenwickler legt die Eier an den Gescheinen ab. Die daraus schlüpfenden Raupen fressen in Gespinsten an den Gescheinen und werden Heuwurm genannt. Die zweite Raupengeneration frisst hingegen an den entwickelten Beeren als sogenannter Sauerwurm [4].

Im Garten ist eine direkte Bekämpfung meist nicht erforderlich. Gegen den Sauerwurm kann ein biologisches Pflanzenschutzmittel auf der Basis von *Bacillus thuringiensis* (z. B. Neudorff Raupenfrei Xentari) eingesetzt werden.

Reblaus (*Daktylosphaira vitifoliae*)

Der gefährliche Schädling befällt sowohl Wurzeln als auch Blätter [5]. Bei starkem Befall Kümmerwuchs und Absterben der Reben. An den Wurzeln helle Knötchen mit den gelben Wurzelrebläu-

4

5

sen und ihren Eiern. An den Blattunterseiten rötliche Gallen, die sich zur Blattoberseite öffnen. In den Gallen gelbliche Läuse und Eier.

☂ Das Auftreten der Reblaus ist meldepflichtig. Bekämpfung nach Anweisung der zuständigen Stelle (Weinbauberatung, Pflanzenschutzdienst, siehe Seite 264).

Pockenmilbe (*Eriophyes vitis*)

🔍 Blattoberseits pockenartige Aufwölbungen [1] mit weißlich rötlichem Filz an entsprechender Stelle der Blattunterseite.

☂ Bis zum Knospenaufbruch vorbeugend vier Behandlungen mit einem Schwefelmittel (z.B. COMPO Bio Mehltau-frei Thiovit Jet).

Weitere Krankheiten und Schädlinge:

Viren, Schwarzfleckenkrankheit, Spinnmilben siehe Seite 261

Kräuselmilbe, Dickmaulrüssler siehe Seite 186

Kirschessigfliege siehe Seite 214

Schildläuse

Krankheiten und Schädlinge an Gemüsepflanzen

Bohne

Hohe Ansprüche an Wärme (mindestens 10–12 °C Bodenwärme) und Windschutz. Günstig sind mittelschwere, humusreiche, tiefgründige Böden mit einem pH-Wert von 6,0–7,5. Nur mäßig düngen und auf ausreichende Wasserversorgung achten.

Gewöhnliches Bohnenmosaik-Virus

Zunächst allgemeine Blattaufhellung, später deutliche, hell- bis dunkelgrüne Scheckung (Mosaik). Die dunkleren Blattpartien wölben sich blasig auf [1]. Starke Ertragsminderung.

Resistente Sorten bevorzugen. Da das Virus von Blattläusen übertragen wird, kann einer schnellen Ausbreitung durch Blattlausbekämpfung entgegengewirkt werden (siehe Seite 259).

Fettfleckenkrankheit (*Pseudomonas savastanoi* pv. *phaseolicola*)

Kleine, braune Blattflecke mit hellem Hof. Bei feuchter Witterung kann das Laub vollständig absterben. Auf den Hülsen glasige, meist rundliche Stellen (Fettflecke) [2].

Nur hochwertiges, befallsfreies Saatgut verwenden. Befallene Pflanzen frühzeitig beseitigen. Keinesfalls in nassen Beständen arbeiten, da dies zur schnellen Verbreitung der Bakterien führt.

Brennfleckenkrankheit (*Colletotrichum lindemuthianum*)

Brennflecke (braun mit schwarzem Rand) auf Keimblättern, Blattadern, Stängeln und Hülsen [3]. Starker Befall führt zum Absterben der Pflanzen.

Kranke Pflanzen entfernen, kein Saatgut von kranken Pflanzen ernten und

1

2

3

Anbauflächen wechseln. Möglichst widerstandsfähige Sorten anbauen und hochwertiges, befallsfreies Saatgut verwenden.

Grauschimmel (*Botrytis cinerea*)

Dieser Schwächepilz befällt die Bohnen nur über bereits geschädigtes Pflanzengewebe, z. B. absterbende Blütenblätter. Häufig von der Spitze ausgehende Fäule der Hülsen. Blätter mit graubraunen Flecken. Befallsstellen oft mit grauem Schimmelrasen [1].

Zu engen Stand der Pflanzen vermeiden.

Sclerotinia-Krankheit (*Sclerotinia sclerotiorum*)

Fäulnis an Stängeln, Blättern und Hülsen. Auf Befallsstellen weißes, wattiges Pilzgeflecht [2], in dem später schwarze Dauerkörperchen (Sklerotien) entstehen.

Wichtig ist ein mehrjähriger Fruchtwechsel. Zu hohe Bestandesdichte und überhöhte Stickstoffdüngung vermeiden.

Bohnenspinnmilbe (*Tetranychus urticae*)

Zunächst helle Sprenkel auf den Blattoberseiten [3]. Später werden die Blätter braun und fallen ab. Feines Gespinst mit zahlreichen, etwa 1 mm großen Milben. Starker Befall vor allem bei trocken-warmer Witterung.

Im Gewächshaus Einsatz von Raubmilben (*Phytoseiulus persimilis*) möglich. Bei drohender Massenvermehrung mehrfach Spritzungen mit Schädlingsfrei Naturen oder Neudosan Neu Blattlausfrei.

Weitere Krankheiten und Schädlinge:
Bohnenrost
Blattläuse
Bohnenfliege
Thripse

Erbse

Im Gegensatz zur Bohne nur geringe Wärmeansprüche. Leicht humose, kalkhaltige Böden (pH-Wert 6,5–7,5) mit gleichmäßiger Bodenfeuchte sind von Vorteil. Staunässe ist zu vermeiden. Nur schwach düngen.

4

5

6

Welkekrankheit (*Fusarium oxysporum* f. sp. *pisi*)
Der Pilz tritt in verschiedenen Rassen auf, die unterschiedliche Sorten befallen und sich auch im Schadbild unterscheiden können. Im Falle der Rasse 1 zeigen die Pflanzen bereits im Jugendstadium Welke und vergilben bis zum völligen Absterben. Die Leitungsbahnen sind rotbraun verfärbt [4]. Bei Befall durch die Rasse 2 welken die Pflanzen erst relativ spät, d.h. während der Blüte oder der Hülsenbildung.
Nur resistente Sorten anbauen und mehrjährige Fruchtfolge einhalten.

Brennfleckenkrankheiten (*Ascochyta pisi*, *Phoma medicaginis* var. *pinodella*, *Mycosphaerella pinodes*)
Verschiedene Pilze verursachen an Stängeln, Blättern und Hülsen ähnliche Schäden, die unter dem Begriff Brennflecken zusammengefasst werden. Es sind meist braune oder graue, rundliche Flecke mit dunklem Rand [5]. Auf den Flecken punktartige, schwarze Sporenbehälter (Pyknidien).
Nur hochwertiges, möglichst befallsfreies Saatgut verwenden. Höchstens alle sechs Jahre Erbsen auf der gleichen Fläche anbauen.

Falscher Mehltau (*Peronospora pisi*)
Blattoberseits helle Flecke [6], blattunterseits weißlich grauer bis violetter

1

2

Pilzrasen. Auf den Hülsen bräunlich schwarze Flecke. Wuchshemmung. Größere Schäden entstehen bei frühem Auftreten und anhaltender Feuchtigkeit.

Da der Pilz im Boden überdauert, ist eine mehrjährige Fruchtfolge einzuhalten. Luftige Bestände wirken der Krankheit entgegen.

Blasenfüße (*Kakothrips robustus* u. a.)

Die nur 1–1,8 mm großen, schlanken Insekten schädigen vor allem an den Hülsen. Diese weisen zahlreiche silbrig graue Fleckchen auf, bleiben klein und missgebildet [1].

Da die Larven im Boden überwintern, sollte ein mehrjähriger Fruchtwechsel eingehalten werden. Bei Befallsgefahr frühzeitig und mehrfach Spritzbehandlungen mit z. B. Neudosan Neu Blattlausfrei durchführen (nur bei Verwendung der Erbsen als Trockengemüse).

Grüne Erbsenblattlaus (*Acyrtosiphon pisum*)

Befallene Triebspitzen verkümmern, der Hülsenansatz ist schlecht und besaugte Hülsen verkrüppeln. Die relativ große, hellgrüne oder rötliche Blattlaus [2] hat eine enorme Vermehrungsrate (bei 20 °C alle 10 Tage eine neue Generation).

Regelmäßige Kontrolle, um bereits bei beginnendem Befall mit Neudosan Neu Blattlausfrei zu spritzen (nur bei Verwendung der Erbsen als Trockengemüse).

Weitere Krankheiten und Schädlinge:

Echter Mehltau siehe Seite 257

Fußkrankheiten (verschiedene Pilze)

Blattrandkäfer

Erbsenwickler

Feldsalat

Wichtig ist ein humoser, unkrautarmer Boden. Im Vergleich zu Kopfsalat hat er geringe Lichtansprüche. Nur schwach düngen. Bei Aussaat im August/September gut als Unterkultur zu Tomaten geeignet.

Falscher Mehltau (*Peronospora valerianellae*)

Blattoberseits braunschwarze, zum Teil netzartige Flecke. Blätter bleiben insgesamt kleiner und sind blassgrün. Vom Blattrand ausgehende Vergilbung. Blattunterseits blassgrauer Schimmelrasen [3].

Resistente Sorten anbauen. Übermäßige Nässe vermeiden (nur morgens gießen).

Weitere Krankheiten und Schädlinge:

Botrytis-Grauschimmel siehe Seite 258
Echter Mehltau siehe Seite 257
Blattläuse siehe Seite 259

Gurke

Geeignet sind humusreiche, nicht zu schwere Böden mit einem pH-Wert von 6,0–7,3 in windgeschützter Lage. Die Gurke hat ein sehr hohes Wärmebedürfnis und einen hohen Wasser- und Nährstoffbedarf. Dennoch ist die Gurke gegen Vernässung (Staunässe) und hohen Salzgehalt sehr empfindlich. Aufgrund der hohen Ansprüche sollte die Gurke bevorzugt im Gewächshaus, im Kasten oder unter Folie angebaut werden.

3

Gurkenmosaik-Virus

Hell-dunkelgrüne Scheckung (Mosaik) und Missbildungen von Blättern und Früchten [4]. Das Gurkenmosaik-Virus kommt an mehr als 200 verschiedenen Pflanzenarten vor und wird von Blattläusen übertragen.

Bei Einlegegurken widerstandsfähige Sorten wählen. Unkräuter beseitigen. Gründliche Blattlausbekämpfung, siehe

4

Seite 259. Bei Hausgurken einzelne befallene Pflanzen entfernen.

Eckige Blattfleckenkrankheit (*Pseudomonas syringae* pv. *lachrymans*)

🔍 Eckige, wässrig-durchscheinende, gelblich braune Blattflecke, die von Blattadern begrenzt sind (meist nur im Freiland) [1]. Bei hoher Feuchte tritt Bakterienschleim aus, der bei Trockenheit zu einer weißen Kruste eintrocknet. Auch auf Stängeln und Früchten entstehen ähnliche Befallsstellen.

☂ Nur hochwertiges, befallsfreies Saatgut verwenden. Mindestens drei Jahre keine Gurken anbauen. Durch windoffene Lage für ein schnelles Abtrocknen der Pflanzen sorgen. Nicht in nassen Beständen arbeiten.

Echter Gurkenmehltau (*Sphaerotheca fuliginea*, *Erysiphe cichoracearum*)

🔍 Anfangs einzelne, weiße, mehlartige Flecke (Pilzrasen) auf den Blättern, die sehr schnell zusammenwachsen und das ganze Blatt bedecken können [2]. Stark befallene Blätter sterben ab. Befallen werden auch Stängel und Früchte.

☂ Möglichst widerstandsfähige Sorten anbauen. Bei hoher Befallsgefahr wiederholte Spritzungen mit Compo Ortiva Rosen-Pilzschutz oder anderem Mehltaumittel. Bei Freilandgurken kann auch Netzschwefel (z. B. COMPO Bio Mehltau-frei Thiovit Jet) eingesetzt werden.

Falscher Gurkenmehltau (*Pseudoperonospora cubensis*)

🔍 Blattoberseits gelbe, eckig begrenzte Flecke [3] und an entsprechender Stelle blattunterseits bräunlicher bis violetter

Pilzrasen. Bei anhaltend feuchter Witterung kann der ganze Bestand vernichtet werden.

☂ Widerstandsfähige Sorten anbauen. Durch Anwendung des Pflanzenstärkungsmittels Humulus flüssig kann eine Befallsminderung erreicht werden. Ansonsten bei Befallsgefahr wiederholt spritzen mit z. B. Rosen-Pilzfrei Saprol oder Spezial-Pilzfrei Aliette.

4

Spinnmilben (*Tetranychus urticae*)

🔍 Blätter zunächst mit hellen Sprenkeln, später braun und trocken [4]. Besonders blattunterseits feine Gespinste mit zahlreichen, weniger als 1 mm großen Milben. Starker Befall vor allem bei trocken-warmer Witterung.

☂ Im Gewächshaus sehr gut biologisch mit Raubmilben (*Phytoseiulus persimilis*) bekämpfbar. Im Freiland ist eine Bekämpfung meist nicht erforderlich. Unterstützend sind Spritzungen möglich mit z. B. Neudosan Neu Blattlausfrei oder Milben-Ex Kiron.

5

Weiße Fliege, Mottenschildlaus (*Trialeurodes vaporariorum*)

🔍 Die etwa 1 mm großen, weiß bepuderten motten- oder fliegenähnlichen Läuse und ihre Larven bevorzugen die jungen Pflanzenteile [5]. Bei starkem Befall, vor allem im Gewächshaus, sind die Pflanzen durch Honigtau und Rußtaupilze verschmutzt.

☂ Im Gewächshaus biologisch mit Schlupfwespen (*Encarsia formosa*) bekämpfbar. Bei stärkerer Schädlingsvermehrung Einsatz von Bayer Garten Gemüse-Schädlingsfrei Decis AF, Naturen Schädlingsfrei, Spruzit Neu oder Neudosan Neu Blattlausfrei. Im Freiland Bekämpfung meist nicht erforderlich.

Weitere Krankheiten und Schädlinge:

Viren
Botrytis-Grauschimmel
Brennfleckenkrankheit
Didymella-Blatt- und Stängelfäule
Falscher Mehltau
Fusarium-Stängelgrundfäule
Schwarze Wurzelfäule
Sclerotinia-Stängelfäule
Umfallkrankheiten

1

2

3

Welkekrankheiten (verschiedene Pilze)
Gurkenkrätze
Blattläuse
Thripse
Wurzelgallenälchen

Kohl

Der Boden sollte mittelschwer bis schwer sein, einen hohen Humusgehalt und eine neutrale bis alkalische Bodenreaktion (7,0–7,5) aufweisen. Die Ansprüche an Wasser- und Nährstoffversorgung sind relativ hoch. Wichtig ist eine weitgestellte Fruchtfolge.

Kohlhernie (*Plasmodiophora brassicae*)
Gallenartige Wucherungen an den Wurzeln 1 führen zu Kümmerwuchs, stumpfer Blattfarbe und Welkeerscheinungen.
Befallene Pflanzenreste (Strünke) sind sorgfältig zu beseitigen. Kohl sollte frühestens nach sieben Jahren wieder angebaut werden. Eine gute, wasserdurchlässige Bodenstruktur und ein hoher pH-Wert mindern das Befallsrisiko.

Adernschwärze (*Xanthomonas campestris* pv. *campestris*)
Vom Blattrand ausgehende, V-förmige Vergilbungen mit schwarzen Blattadern 2. Befallsstellen werden oft trockenbraun. Im Stängelquerschnitt schwarz gefärbte Leitungsbahnen, die im Spätstadium einen geschlossenen schwarzen Ring bilden können 3. Bei Blumenkohl entstehen schwarze Stippen in der Blume.
Pflanzenreste (Strünke) sorgfältig entfernen. Eine mindestens dreijährige

Fruchtfolge einhalten. Nur hochwertiges, krankheitsfreies Saatgut verwenden. Chemische Bekämpfung nicht möglich (siehe Seite 256).

Falscher Mehltau (*Peronospora parasitica*)

Blattoberseits helle Flecke, blattunterseits weißgrauer Pilzrasen [4]. Tritt vor allem in der Anzucht oder bei Anbau unter Folie auf.

Hochwertiges, befallsfreies Saatgut verwenden. Anzuchtflächen wechseln. In der Anzucht hohe Feuchte und zu engen Stand vermeiden. Chemische Behandlung zurzeit nicht möglich.

Kleine Kohlfliege (*Delia brassicae*)

Gelblich weiße, bis zu 1 cm lange Maden fressen an Wurzeln und Wurzelhals. Pflanzen welken und kümmern oder sterben ab. Der einer Stubenfliege ähnliche Schädling [5] tritt ganzjährig in drei Generationen auf und legt seine Eier ab April/Mai an den Wurzelhals. Besonders gefährdet ist Blumenkohl.

Vorbeugend die Pflanzung mit Kulturschutznetz überspannen. Zur chemischen Bekämpfung sind keine Pflanzenschutzmittel zugelassen.

Mehlige Kohlblattlaus (*Brevicoryne brassicae*)

Blätter eingerollt oder blasig aufgewölbt. Blattunterseits graugrüne, mehlige Blattläuse [6]. Verschmutzung durch Honigtau und Rußtau.

Spätestens im zeitigen Frühjahr Kohlstrünke beseitigen. Bei Anfangsbefall Einzelblätter entfernen. Bei drohender Massenvermehrung Spritzbehandlungen

4

5

6

1

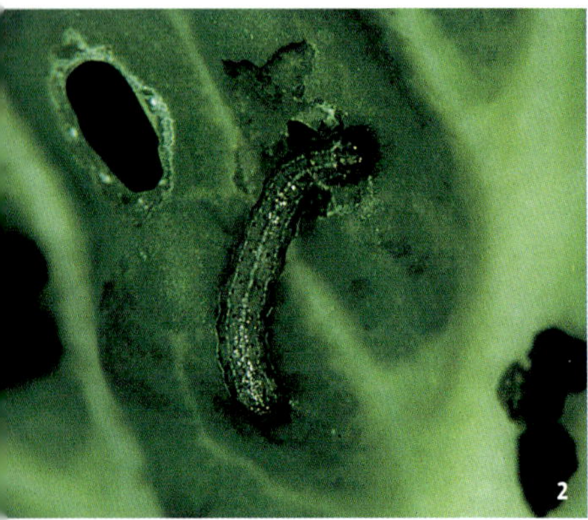
2

3

mit Neudosan Neu Blattlausfrei, Naturen Schädlingsfrei oder Spruzit Neu.

Kohleule (*Mamestra brassicae*)
Graubraune Nachtfalter (Spannweite 4–5 cm) legen halbkugelige Eier gruppenweise blattunterseits ab. Anfangs grüne, später graubraune, bis zu 5 cm lange Raupen verursachen anfangs Fenster-, später Lochfraß [1]. Sie dringen tief in den Kohlkopf ein und führen durch den grünschwarzen Kot zu starker Verschmutzung, oft gefolgt von Fäulnis.
Bei regelmäßigen Kontrollen Eigelege zerdrücken. Notfalls Spritzbehandlung mit XenTari.

Kohlmotte (*Plutella xylostella*)
Kleine (17 mm Spannweite), bräunliche Falter legen ihre Eier an der Blattunterseite ab. Gelblich graue, später grüne, bis zu 1 cm lange Raupen fressen zunächst an den Herzblättern und verursachen später einen typischen Fensterfraß (Blattoberhaut bleibt stehen) [2]. Die Verpuppung erfolgt blattunterseits in einem spindelförmigen Kokon. Es sind zwei bis drei Generationen pro Jahr möglich.
Spritzbehandlungen (siehe Kohlweißling).

Großer Kohlweißling (*Pieris brassicae*)
Weiße Falter (6 cm Spannweite) legen blattunterseits gelbe, längs gerippte Eier in Gruppen ab. Die daraus schlüpfenden gelblich grünen, schwarz gefleckten Raupen verursachen anfangs Loch-, später Skelettierfraß [3].
Kulturschutznetze über die Pflanzung spannen. Regelmäßige Kontrolle. Eier so-

wie Raupen zerquetschen. Bei starkem Befall sind Spritzbehandlungen mit *Bacillus thuringiensis* (z.B. XenTari) erforderlich.

Weitere Krankheiten und Schädlinge:
Viren
Bakterielle Fäulen
Blattfleckenkrankheiten (verschiedene Pilze)
Botrytis-Grauschimmel
Schwarzbeinigkeit (verschiedene Pilze)
Umfallkrankheit
Erdflöhe
Kohldrehherzmücke
Kohlmottenschildlaus
Minierfliegen
Thripse
verschiedene Rüsselkäfer
Wanzen

Möhre

Für den Anbau von Möhren sind leichte, humusreiche, tiefgründige Böden erforderlich, die sich leicht erwärmen. Der pH-Wert sollte im Bereich von 6,0–7,5 liegen. Staunasse Böden sind ungeeignet. Die Düngung ist wegen der Salzempfindlichkeit auf mehrere schwache Gaben zu verteilen.

Weichfäule (*Erwinia carotovora* var. *carotovora*)
Das Innere der Möhren zersetzt sich sehr schnell zu einem Faulbrei, während die Außenhaut noch relativ lange intakt bleibt 4. Besonders im Lager, wenn die Möhren Verletzungen aufweisen und die Lagertemperatur zu hoch ist.

Weitgestellte Fruchtfolge, ausreichende Kalidüngung und schonende Ernte. Möglichst trocken einlagern und bereits faulende Möhren auslesen. Chemische Bekämpfung nicht möglich.

Möhrenschwärze (*Alternaria dauci*)
Von einzelnen Fiederblättchen ausgehend, kann sich bei feuchter Witterung das ganze Möhrenlaub in kurzer Zeit braun oder schwarz färben und verfaulen 5. Möhrenkeimlinge können frühzeitig vollständig absterben.

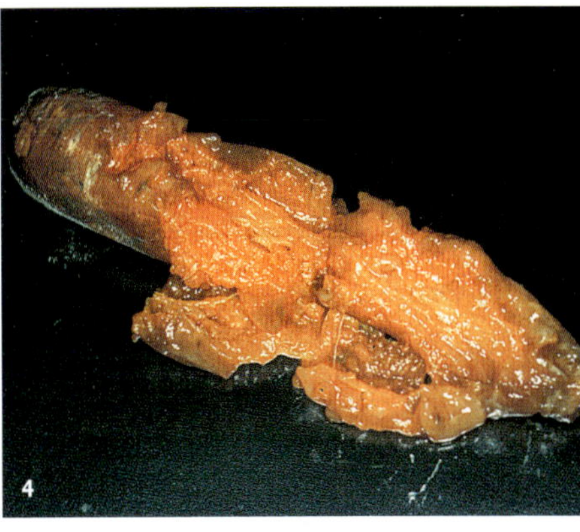
4

5

⛱ Mindestens vierjährige Fruchtfolge einhalten.

Nematoden, Fadenwürmer, Älchen (*Pratylenchus*-Arten, *Meloidogyne hapla* u. a.)

🔎 Durch die Saugtätigkeit dieser winzigen, wurmähnlichen Schädlinge kommt es zu Missbildungen des Möhrenkörpers, einer verstärkten Seitenwurzelbildung („Wurzelbart") [1] und bei Auftreten des Wurzelgallenälchens (*Meloidogyne hapla*) zu wenigen Millimeter großen Gallen an den Wurzeln.

⛱ Wichtig ist eine weitgestellte Fruchtfolge, wobei auch Sellerie zu meiden ist. Tageteseinsaaten können eine starke Reduzierung der Nematoden im Boden bewirken.

Möhrenfliege (*Psila rosae*)

🔎 Milchig-weiße, 6–8 mm lange Maden nagen rostbraune Fraßgänge in den Möhrenkörper [2]. Davon ausgehende Fäulnis durch Sekundärbesiedler. Die 4–5 mm lange, schwarze Fliege legt ihre Eier dicht an die Möhrenwurzel. Es entwickeln sich jährlich zwei Generationen.

⛱ Für windoffene Anbauflächen und nicht zu dichte Bestände sorgen. Vorbeugend können die Möhren mit Kulturschutznetzen überspannt werden. Eine chemische Bekämpfung ist nicht möglich.

Weitere Krankheiten und Schädlinge:

Echter Mehltau
Blattläuse
Möhrenblattfloh
Möhrenminierfliege
Raupen
Wurzelläuse

Paprika

Aufgrund des sehr hohen Wärmebedürfnisses lohnt sich ein Anbau meist nur im Gewächshaus oder unter Folie. Gleichmäßige Feuchte, gute Humusversorgung und kräftige Düngung (bevorzugt organische Dünger) unter Beachtung der Salzempfindlichkeit sind zu empfehlen.

Grauschimmel (*Botrytis cinerea*)

🔎 Braune Faulstellen an allen oberirdischen Pflanzenorganen (auch an Früchten) [3]. Die Befallsstellen sind oft von grauem Pilzrasen überzogen.

☂ Benetzung der Pflanzen, zu dichten Stand und Verletzungen (z. B. bei der Ernte) vermeiden. Befallene Pflanzenteile entfernen.

Blattläuse (*Myzus persicae*, *Aphis gossypii* u. a.)

🔎 Blattläuse sind die Hauptschädlinge an Paprika, insbesondere im Gewächshaus. Durch ihre Saugtätigkeit verursachen sie Blattmissbildungen und eine allgemeine Wuchshemmung [4]. Ihre zuckerhaltigen Ausscheidungen (Honigtau) führen zur Ansiedlung von Schwärzepilzen (Rußtau) und damit zur Verschmutzung der Pflanzen. Außerdem übertragen sie Viren.

☂ Im Gewächshaus ist eine biologische Bekämpfung mit Florfliegenlarven (*Chrysoperla carnea*), Schlupfwespen (z. B. *Aphidius*-Arten) oder räuberischen Gallmücken (*Aphidoletes aphidimyza*) möglich. Im Hausgarten können die Florfliegenlarven auch im Freien eingesetzt werden. Sonst Spritzbehandlungen mit z. B. Neudosan Neu Blattlausfrei.

3

4

Weitere Krankheiten und Schädlinge:

Viren
Bakterielle Weichfäule
Sklerotinia-Fäule
Welkekrankheiten (verschiedene Pilze)
Spinnmilben siehe Seite 261
Thripse siehe Seite 262
Weiße Fliege siehe Seite 262

1

2

3

Rettich, Radies

Der Boden sollte nicht zu schwer sein sowie humos, leicht sauer und gut gelockert. Die klimatischen Ansprüche sind relativ gering. Wichtig ist eine gleichmäßige Feuchtigkeit ohne Staunässe. Mist oder Kompost müssen vor der Verwendung gut verrottet sein.

Rettichschwärze (*Aphanomyces raphani*)

Von den Seitenwurzeln oder feinen Rissen ausgehende blauschwarze Färbung des Rettichs, die langsam in das Innere vordringt. Oft bandförmig um den Rettich herum [1].

Hohen pH-Wert, Vernässung des Bodens und frische Stallmistgaben vermeiden. Befallene Rettiche sorgfältig entfernen. Mindestens dreijährige Fruchtfolge einhalten. Chemische Bekämpfung nicht möglich.

Wurzeltöterpilz (*Rhizoctonia solani*)

Keimlinge zeigen Einschnürungen am Wurzelhals und fallen um. An Radiesknollen dunkelbraune bis schwarze, eingesunkene Faulstellen an der Grenzzone Boden/Luft [2].

Für lockere, schnell abtrocknende Bodenoberfläche sorgen. Befallsherde frühzeitig beseitigen.

Falscher Mehltau (*Peronospora parasitica*)

Besonders an Radies blattoberseits gelblich braune Flecke mit schwarzem Rand. Blattunterseits weißer Sporenrasen. Befallsstellen auch auf den Radiesknollen [3].

Lang anhaltende Feuchtigkeit möglichst vermeiden. Durch weniger dichte Saat, die ein rascheres Abtrocknen der Pflanzen fördert, ist Befallsminderung möglich.

Rettichfliege (*Delia brassicae, D. floralis*)
Die Rettichfliege ist in Wirklichkeit die Kleine Kohlfliege, deren gelblich weiße Maden Fraßgänge in die äußere Schicht von Radies oder Rettich nagen [4]. Die Pflanzen welken, kümmern und können völlig absterben.
Vorbeugend die Pflanzen mit Kulturschutznetz überspannen. Mischkultur mit anderen Gemüsearten trägt zur Befallsminderung bei.

Weitere Krankheiten und Schädlinge:
Erdflöhe, Springschwänze
Zwergfüßler

Salat

Günstig sind leichte, humose Böden mit einem guten Wasserhaushalt in sonniger Lage. Der pH-Wert sollte im Bereich von 6,5–7,5 liegen. Besonders für frühe Sätze ist eine leichte Erwärmbarkeit wichtig. Zur Vermeidung der Salatfäulen darf nicht zu tief gepflanzt werden.

Schwarzfäule (*Rhizoctonia solani*)
Die dem Boden aufliegenden Blätter faulen unter Schwarzfärbung [5]. Fäulnis kann von unten her in den Salatkopf eindringen. Auf den Befallsstellen hellbraune, gespinstartige Pilzfäden und kleine Dauerkörperchen (Sklerotien).

4

5

Siehe Grauschimmel.

Grauschimmel (*Botrytis cinerea*)
Zunächst auf älteren Blättern braune Faulstellen, die später den Stängelgrund erfassen und so zum Absterben der ganzen Pflanze führen können. Auf den Befallsstellen entsteht grauer Pilzrasen (siehe Bild [1] Seite 246).
Sorten mit aufrechtem Wuchs wählen und nicht zu tief pflanzen. Falls möglich, dem Boden aufliegende Blätter mit beginnender Fäule entfernen.

1

2

3

Sclerotinia-Fäule (*Sclerotinia sclerotiorum, S. minor*)

Von den Außenblättern ausgehende Welke des Salatkopfes [2]. Später tritt auch Fäulnis auf. Auf den Faulstellen entwickelt sich ein auffallend weißes Pilzgeflecht mit schwarzen, bis zu 10 mm großen Dauerkörperchen (Sklerotien).

Siehe Grauschimmel.

Falscher Mehltau (*Bremia lactucae*)

Blattoberseits größere, helle Flecke, die oft von Blattadern begrenzt sind [3]. Blattunterseits weißer Sporenrasen des Pilzes. Die Befallsstellen verbräunen.

Resistente Sorten anbauen. Hohe Feuchtigkeit vermeiden. Bei Befallsgefahr Spritzungen mit z. B. Spezial-Pilzfrei Aliette möglich.

Salatwurzellaus (*Pemphigus bursarius*)

An den Wurzeln gelbliche, von wolligen Wachsausscheidungen bedeckte Läuse [4]. Bei starkem Befall welken die Pflanzen und es kommt zu mangelhafter Kopfbildung. Die Salatwurzellaus überwintert an Pappeln, wo sie im Frühjahr sogenannte Blattstielgallen hervorruft.

Direkte Bekämpfung nicht möglich. Durch optimale Wachstumsbedingungen, vor allem durch ausreichende Wassergaben, kann der Schaden begrenzt werden.

Blattläuse (*Myzus persicae* u. a.)

Missbildungen und Verschmutzung der Pflanzen durch Honigtau und Rußtaupilze bei Massenbesiedelung. Auch geringer Befall kann indirekt erheblichen Schaden verursachen, da die Blattläuse Viren übertragen [5].

☂ Sorten bevorzugen, die gegen die Salatblattlaus resistent sind. Bei stärkerem Befall Spritzbehandlungen mit z. B. Neudosan Neu Blattlausfrei, Bayer Garten Gemüse-Schädlingsfrei Decis AF oder anderem Pflanzenschutzmittel gegen Blattläuse.

Schnecken (*Deroceras*-Arten u. a.)
🔍 Schabe- oder Lochfraß, der sich von Fraßspuren anderer Schädlinge durch die typischen Schleimspuren der Schnecken unterscheidet 6.
☂ Abstreuen mit Sand oder Sägemehl hindert die Fortbewegung. Kleine Flächen lassen sich durch einen Schneckenzaun schützen. Sonst Schneckenfallen aufstellen oder Ferramol Schneckenkorn einsetzen.

Weitere Krankheiten und Schädlinge:
Viren
Bakterielle Fäulen
Pythium-Welke
Blattwanzen
Erdraupen
Minierfliegen
Wurzelgallenälchen
Wurzelspinnerraupen

4

5

6

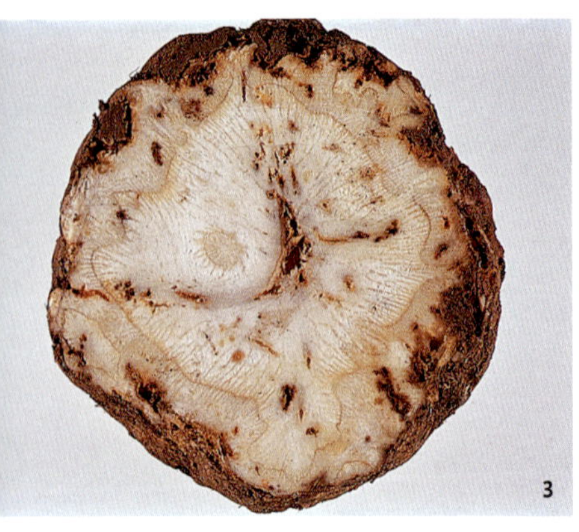

Sellerie

Der wärmebedürftige Sellerie wächst besonders gut auf eher schweren, humosen, nährstoffreichen Böden mit guter Wasserversorgung und einem pH-Wert von 6,3–7,0. Im Vergleich zu anderen Gemüsearten kann Sellerie kräftig gedüngt werden.

Herz- und Knollenbräune (Bormangel)
⚲ Zunächst zahlreiche braune Stellen im Inneren der Knollen, später auch Hohlräume. Blattstiele weisen Querrisse und Verkorkungen auf. Im Spätstadium entsteht eine Herz- und Trockenfäule [1].
☂ Düngung nach Bodenanalyse. Übermäßige Kalk-, Kalium- und Natriumversorgung vermeiden. Verwendung borhaltiger Dünger beugt dem Bormangel vor.

Septoria-Blattfleckenkrankheit (*Septoria apiicola*)
⚲ Braune oder graubraune Flecke auf Blättern und Stängeln [2], später mit punktförmigen schwarzen Sporenbehältern (Pyknidien). Das Sellerielaub kann bei nasser Witterung vollständig absterben.
☂ Hochwertiges, krankheitsfreies Saatgut verwenden. Weniger anfällige Sorten bevorzugen. Notfalls Spritzbehandlungen mit einem Kupfermittel (z. B. Cueva Pilzfrei).

Möhrenfliege (*Psila rosae*)
⚲ Milchig-weiße, 6–8 mm lange Maden fressen an den Wurzeln, später an und in den Knollen [3]. Sekundärfäule ist möglich. Die Fliege tritt in zwei Generationen auf (Ende Mai und Anfang August).

☂ Da die Möhrenfliege und ihre Larven ein hohes Feuchtebedürfnis haben, ist für eine windoffene Anbaufläche und nicht zu dichte Bestände zu sorgen (siehe Bekämpfung an Möhren).

Weitere Krankheiten und Schädlinge:
Sclerotinia-Fäule
Sellerieschorf
Blattläuse
Blattwanzen
Wurzelläuse

4

Spargel

Für den Spargelanbau sind tiefgründige, humose, leicht lehmhaltige Sandböden mit einem pH-Wert von 6,3–7,5 in sonniger Lage erforderlich. Weniger geeignete Böden kann man mit Sand und Kompost anreichern. Bereits bei der Pflanzung sollte reichlich Kompost gegeben werden, am besten Mistkompost.

5

Spargelrost (*Puccinia asparagi*)
⚲ Ab Mai entstehen im unteren Bereich der Stängel relativ unauffällige, kleine, orangefarbene Sporenpusteln. Etwa zwei Wochen später entwickelt sich eine neue Sporenform in orangefarbenen becherförmigen Lagern. Die darauffolgende dritte Sporenform in braunen Lagern 4 sorgt für die weiträumige Verbreitung des Pilzes. Im Spätsommer entstehen schließlich die Wintersporen in tiefschwarzen Lagern.
☂ Resistente Sorten bevorzugen. Spargelstroh verbrennen, um dem Pilz die Möglichkeit zum Überwintern zu nehmen. Falls eine chemische Bekämpfung

(z.B. Duaxo Universal Pilzspritzmittel oder Gemüse-Pilzfrei Polyram WG) erforderlich ist, sollte diese etwa drei Wochen nach der Stechperiode erfolgen und mehrfach wiederholt werden.

Spargelfliege (*Platyparea poeciloptera*)
🔍 Von Mitte April bis Anfang Juli legt die an ihrer auffälligen, zickzackförmigen, dunkelbraunen Bandzeichnung auf den Flügeln kenntliche Fliege, siehe Bild 5 Seite 249, ihre Eier (60–80 Stück) in die Triebspitzen, wenn diese gerade den Boden durchbrechen. Die bis zu 1 cm langen Maden fressen in den Stangen 1, die sich krümmen, verkrüppeln und oft auch absterben. Schäden entstehen überwiegend in den ein- und zweijährigen Junganlagen.
☂ Wegen der schwierigen Bekämpfung Pflanzenschutzdienst befragen, siehe Seite 264.

Weitere Krankheiten und Schädlinge:
Viren
Fußkrankheiten (verschiedene Pilze)
Phytophthora-Fäule
Stemphylium-Krankheit
Bohnenfliege
Spargelkäfer

Spinat

Relativ anspruchslose Gemüseart. Ausreichende Humusversorgung und tiefreichende Bodenbearbeitung sind günstig. Hitze und Trockenheit fördern das Schossen. Wegen möglicher Nitratanreicherung nur vorsichtig mit Stickstoff düngen.

Falscher Mehltau (*Peronospora farinosa* f. sp. *spinaciae*)
🔍 Blattoberseits helle, leicht aufgewölbte Flecke. Blattunterseits grauvioletter Sporenrasen des Pilzes 2. Vor allem bei nasser Witterung.
☂ Resistente Sorten anbauen. Nicht zu dichte Saat. Hohe Feuchtigkeit vermeiden.

Rübenfliege (*Pegomya hyoscyami*)
🔍 Anfänglich Fraßgänge der Maden in den Blättern 3. Später sind größere Teile

der Blätter ausgefressen, die schließlich eintrocknen. Die Eiablage der in drei bis vier Generationen auftretenden Fliege beginnt Anfang Mai.

Bei geringem Anfangsbefall Blätter mit Minen entfernen. In Mischkulturen mit anderen Gemüsearten ist der Befall oft geringer.

Weitere Krankheiten und Schädlinge:
Viren
Blattfleckenkrankheit
Eulenraupen

Tomate

Geeignet sind humusreiche, nicht zu schwere Böden mit guter Wasserführung in sonniger Lage. Die Tomate hat ein sehr hohes Wärmebedürfnis und einen hohen Nährstoffbedarf. Der pH-Wert des Bodens kann im Bereich von 5,5–7,0 liegen. Aufgrund der hohen Ansprüche sollte die Tomate bevorzugt im Gewächshaus oder unter Folie angebaut werden.

Kraut- und Braunfäule (*Phytophthora infestans*)

Der vor allem an der Kartoffel schädliche Pilz verursacht an den Früchten zunächst graugrüne, später braune, runzlige Flecke [4]. Das Fruchtfleisch verhärtet. Auf den Blättern graugrüne, braune und schließlich schwarze Flecke, die sich rasch ausbreiten können. Blattunterseits weißlich grauer Pilzrasen. Die Ansteckung der Tomaten erfolgt meist von befallenen Kartoffelfeldern.

Für rasches Abtrocknen sorgen (z.B. nicht zu dicht pflanzen, entblättern, Regenschutz). Bei anhaltend feuchter Witterung können gefährdete Pflanzen (z.B. in der Nähe von Kartoffelfeldern) im Freiland ab Ende Juni vorbeugend mit einem Bayer Garten Gemüse-Pilzfrei Infinito oder Compo Ortiva Rosen-Pilzschutz behandelt werden. Im Gewächshaus sind auch Behandlungen mit einem Kupfermittel (z.B. Cueva Pilzfrei) möglich.

Blütenendfäule (Kalzium-Mangel)

An der Blütenansatzstelle der Frucht zunächst eine wässrige Stelle, die sich all-

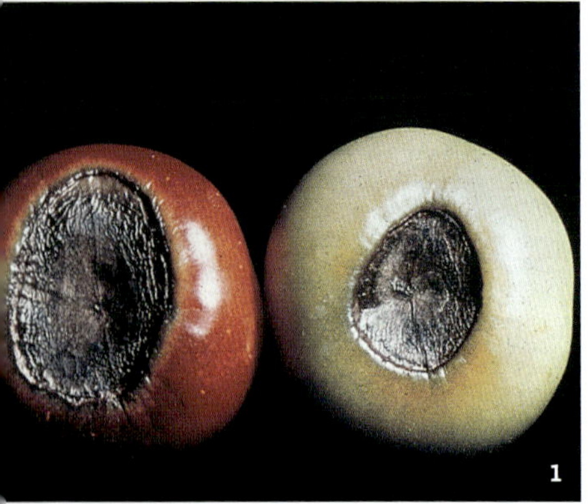

mählich schwarz verfärbt 1. Die Schadstelle verhärtet und ist leicht eingesunken.

Auf ausreichende Kalziumversorgung achten. Der pH-Wert sollte nicht absinken. Unausgewogene Düngung sowie Trockenheit oder übermäßige Nässe vermeiden, da sie relativen Kalziummangel verursachen können.

Weiße Fliege (*Trialeurodes vaporariorum*)

Die etwa 1 mm großen, weiß bepuderten motten- oder fliegenähnlichen Läuse und ihre Larven bevorzugen die jungen Pflanzenteile. Bei starkem Befall, vor allem im Gewächshaus, sind die Pflanzen durch Honigtau und Rußtaupilze verschmutzt 2.

Zur Bekämpfung siehe Weiße Fliege an Gurke.

Weitere Krankheiten und Schädlinge:

Viren
Bakterielle Welke
Botrytis-Grauschimmel
Stängelgrundfäulen (verschiedene Pilze)
Umfallkrankheiten (verschiedene Pilze)
Welkekrankheiten (verschiedene Pilze)
Echter Mehltau
Dürrfleckenkrankheit
Korkwurzelkrankheit
Samtfleckenkrankheit
Blattläuse, Eulenraupen
Minierfliegen
Spinnmilben
Thripse
Wurzelgallenälchen

Zwiebelgemüse (Zwiebel, Lauch, Schnittlauch)

Zwiebeln gedeihen besonders gut auf warmen, humusreichen Sandböden. Lauch und Schnittlauch haben dagegen geringere Ansprüche an Boden und Klima. Umgekehrt ist es beim Nährstoffbedürfnis. Die Zwiebel wird eher schwach, Lauch hingegen kräftig gedüngt. Der pH-Wert sollte im Bereich von 6,0–7,5 liegen.

Falscher Mehltau (*Peronospora destructor*)
Länglich-ovale, blassgraue Flecke, mit violett-grauem Pilzrasen 3. Vor allem an Zwiebeln und Schalotten, seltener an Lauch. Kann zum vollständigen Absterben des Zwiebellaubes führen.
Kranke Pflanzen nicht kompostieren. Mindestens zweijährige Anbaupause einhalten. Dichte Bestände sind zu vermeiden, da sie nur langsam trocknen und so die Krankheit fördern.

Mehlkrankheit (*Sclerotium cepivorum*)
Vor allem an Zwiebel und Schnittlauch, seltener an Porree. Bereits die Keimlinge können absterben. Bei älteren Pflanzen Fäulnis am Wurzelboden und an den Wurzeln selbst. Auf den Befallsstellen dichtes, weißes, watteartiges Pilzgeflecht 4, in dem später rundliche schwarze Dauerkörperchen (Sklerotien) entstehen.
Wichtig ist eine weit gestellte Fruchtfolge. Kranke Pflanzen entfernen.

Porreerost (*Puccinia allii*)
🔍 Porreeblätter mit zahlreichen kleinen, rundlichen oder länglichen Flecken [1]. Die Oberhaut reißt an den Befallsstellen schlitzartig auf und gibt die auffällig orange gefärbten Sporenlager frei. Vor allem im August/September.
☂ Unbedingt vor der Neupflanzung im Frühjahr vorjährige Bestände beseitigen.

Zwiebelblasenfuß (*Thrips tabaci*)
🔍 Das nur 1 mm lange, gelblich braun gefärbte, schmale Insekt schädigt vor allem an den Blättern von Porree. Zahlreiche silbrige, oft in Streifen angeordnete Sprenkel auf den Blättern [2]. Bei starkem Befall kommt es zu Wuchshemmung, und die ganze Pflanze erscheint silbrig grau.
☂ Ausreichender Fruchtwechsel und tiefes Einarbeiten der Pflanzenreste mindern die Befallsgefahr. Bei starkem Befallsdruck wiederholt spritzen mit Ultima Käfer- und Raupenfrei oder Neudosan Neu Blattlausfrei.

Zwiebelfliege (*Delia antiqua*)

Der einer Stubenfliege ähnliche Schädling [3] tritt in zwei bis drei Generationen auf und legt seine Eier ab April/Mai an die jungen Zwiebelpflänzchen. Durch den Fraß der etwa 8 mm langen Maden welken die Pflänzchen bereits kurz nach dem Auflaufen und lassen sich leicht aus der Erde ziehen. In der Zwiebel älterer Pflanzen Fraßgänge, die bald in Fäule übergehen.

Vorbeugend die Pflanzung mit Kulturschutznetz überspannen. Eine chemische Bekämpfung ist nicht möglich.

3

Lauchmotte (*Acrolepia assectella*)

Die Raupen des graubraunen Falters (Spannweite etwa 16 mm) schädigen vor allem an Lauch. Die gelblich weißen, schwarz gepunkteten, etwa 13 mm langen Raupen haben einen grünlich ockerfarbenen Kopf. Nach anfänglichem Schabefraß dringen sie in Minengängen bis ins Pflanzenherz vor [4]. Es treten zwei Generationen auf, im Juni und Mitte August.

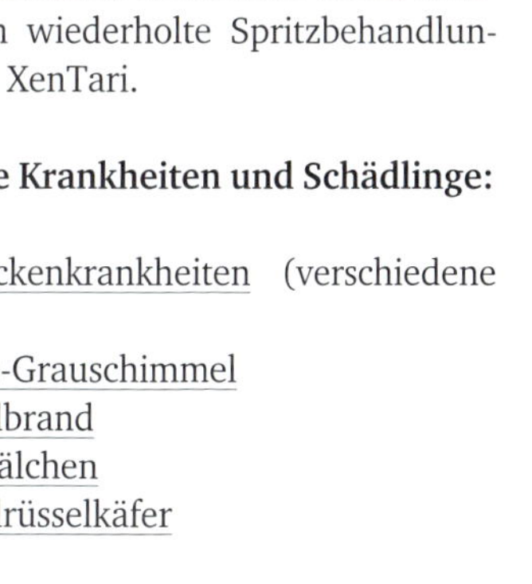

Beim Sichtbarwerden der ersten Fraßschäden wiederholte Spritzbehandlungen mit XenTari.

Weitere Krankheiten und Schädlinge:

Viren
Blattfleckenkrankheiten (verschiedene Pilze)
Botrytis-Grauschimmel
Zwiebelbrand
Stängelälchen
Zwiebelrüsselkäfer

4

Hinweise zur Bekämpfung spezieller Schaderreger

Bekämpfung von Viren und Phytoplasmen

Zur Bekämpfung von Viren und Phytoplasmen stehen keine Pflanzenschutzmittel zur Verfügung, daher kommt dem möglichst frühen Erkennen eines Befalls und der Unterbrechung der Übertragungswege eine besondere Bedeutung zu. Die wichtigsten Übertragungswege dieser Schaderreger sind mit Jungpflanzen, bei Kulturarbeiten oder durch Überträger gegeben. Derartige Überträger (Vektoren) sind z.B. Blattläuse und Thripse (Blasenfüße), aber auch Nematoden (Fadenwürmer, Älchen) im Boden.

Jungpflanzen sollten beim Kauf beziehungsweise im Frühjahr nach dem Austrieb sorgfältig untersucht werden. Kranke Pflanzen darf man keinesfalls vermehren. Sind Pflanzenteile von mehreren Pflanzen abzuschneiden oder werden Pflanzen geteilt, so sollte das Werkzeug, besonders bei Befallsgefahr, desinfiziert werden. Bei gefährdeten Pflanzen kommt der rechtzeitigen und konsequenten Bekämpfung von Vektoren eine besondere Bedeutung zu. Viruskranke Pflanzen sind möglichst umgehend zu entfernen.

Bekämpfung von Bakterienkrankheiten

Zur Bekämpfung von Bakterienkrankheiten stehen keine Pflanzenschutzmittel zur Verfügung. Kranke Pflanzen oder Pflanzenteile sind umgehend zu entfernen. Treten bakterielle Blattfleckenerreger auf, so ist darauf zu achten, dass gefährdete Pflanzen rasch abtrocknen und vor längerer Blattbenetzung geschützt werden. Spritzwasser ist zu vermeiden.

Keinesfalls darf man kranke Pflanzen vermehren, sie stellen das größte Befallsrisiko dar. Sind Pflanzenteile von mehreren Pflanzen abzuschneiden oder zu teilen, so sollte das Werkzeug, besonders bei Befallsgefahr, desinfiziert werden (z.B. 70 ml 96%igen Spiritus mit 26 ml Wasser verdünnen).

In Pflanzenbeständen kann die Ausbreitung von Bakteriosen durch Spritzungen mit Kupferpräparaten eingeschränkt werden. Derartige Behandlungen sind besonders im Frühjahr und im Herbst nach Niederschlägen zu empfehlen. Dabei verhindert der Kupferbelag auf den Pflanzen, dass die durch Regen und Wind verbreiteten Bakterien in gesunde Pflanzenteile eindringen.

Eine besondere Gefahr stellt der Feuerbrand dar, eine meldepflichtige Quarantänekrankheit. Da die Bakterien dieser Krankheit von blütenbesuchenden Insekten übertragen werden, kommt der

Beseitigung kranker Pflanzen eine besondere Bedeutung zu. Befallsverdächtige Pflanzen werden von den Pflanzenschutzdiensten in der Regel kostenlos auf Befall mit dieser schweren Krankheit untersucht. Die wichtigsten Wirtspflanzen des Feuerbrandes sind: *Amelanchier* (Felsenbirne), *Chaenomeles* (Schein- oder Zierquitte), *Cotoneaster* (Zwergmispel), *Crataegus* (Weiß- und Rotdorn), *Cydonia* (Quitte), *Malus* (Apfel), *Photinia* (Glanzmispel), *Pyracantha* (Feuerdorn), *Pyrus* (Birne), *Sorbus* (Eberesche). Diese Wirtspflanzen sollten ständig überwacht und in Gebieten mit intensivem Obstbau oder umfangreicherer Baumschulwirtschaft gar nicht gepflanzt werden.

Bekämpfung häufig auftretender Pilzkrankheiten

Blattfleckenpilze

Sie treten bei häufiger und längerer Blattbenetzung auf. Wenig abgehärtetes Gewebe, dichte Bestände sowie mangelnde oder unausgeglichene Ernährung der Pflanzen fördern den Befall. Auch ein Befall mit saugenden Insekten kann die Entwicklung von Blattfleckenpilzen begünstigen.

Oftmals ist eine bessere Belichtung der Pflanzen, bei größeren Bäumen ein Rückschnitt (Kronenauslichtung) ausreichend, um solchen Krankheiten entgegenzuwirken. Bei empfindlichen Pflanzen können wiederholte Behandlungen mit **Azoxystrobin** (Fungisan, Ortiva, Rosen- und Zierpflanzen-Pilzfrei Saprol), **Difenconazol** (diverse Duaxo-Präparate), **Tebuconazol + Trifloxystrobin** (Bayer Garten Rosen-Pilzfrei Baymat Plus) erforderlich werden. Auch **Kupferoktanoat** (Cueva Pilzfrei) und **Kupferoxychlorid** (Kupferspritzmittel Schacht, Funguran) oder **Mancozeb** (Pilzfrei Dithane, Dithane NeoTec) haben gegen verschiedene Blattfleckenpilze eine gute Wirkung.

Echter Mehltau, Rost und Sternrußtau

Vor der Anschaffung von für Mehltau anfälligen Pflanzen sind die Anfälligkeitsunterschiede der Sorten zu prüfen. Neuere Sorten sind oftmals resistent beziehungsweise weniger anfällig.

Vor einer Rosenpflanzung ist der Besuch eines Rosariums zu empfehlen, in dem die Sorten in der Regel ohne Bekämpfungsmaßnahmen kultiviert werden; dadurch ist ein guter Sortenvergleich möglich. Die Stadtgartenämter können Auskunft zum Standort des Rosariums und zu den jeweilig angepflanzten Rosensorten geben.

Standorte mit stärkeren Temperaturschwankungen fördern den Befall. Trockenwarme Sommertage mit Taunächten bieten ideale Bedingungen für die Entwicklung und Ausbreitung des Echten Mehltaus.

Vorbeugend können bei empfindlichen Pflanzen **Lecithin** enthaltende Pflanzenschutzmittel (BioBlatt-Mehltaumittel) in wöchentlichem Abstand gegen Echten Mehltau eingesetzt werden. Bei Befall sind **Azoxystrobin** (Fungisan, Ortiva, Rosen- und Zierpflanzen-Pilzfrei Saprol), **Tebuconazol + Trifloxystrobin** (Bayer Garten Rosen-Pilzfrei Baymat Plus) oder **Kupferoktanoat** (Cueva Pilzfrei), **Netzschwefel**, COMPO Bio Mehltau-frei Thiovit Jet, Netz-Schwefelit) oder **Triticonazol** (Rosen-Pilzfrei Saprol) einzusetzen. Gegen Rostkrankheiten wirken **Mancozeb** (Pilzfrei Dithane, Dithane NeoTec), **Metiram** (Polyram WG), **Kupferoktanoat** (Cueva Pilzfrei) oder **Kupferoxychlorid** (Kupferspritzmittel Schacht, Funguran).

Pflanzenschutzmittel mit den Wirkstoffen **Azoxystrobin**, **Tebuconazol + Trifloxystrobin** oder **Triticonazol** wirken gleichzeitig gegen Echten Mehltau, Sternrußtau der Rosen und Rostkrankheiten. Insbesondere zur Mehltaubekämpfung sollten die Wirkstoffe gewechselt werden, um nachhaltig gute Bekämpfungserfolge zu erzielen.

Grauschimmel (*Botrytis cinerea*)
Der Grauschimmelpilz kann sowohl auf lebendem als auch auf abgestorbenem Pflanzengewebe wachsen und dort auch große Sporenmengen bilden. Den Hygienemaßnahmen, der Beseitigung kranker Pflanzen, abgefallener Pflanzenteile oder verblühter Blüten kommt daher besondere Bedeutung zu.

Helle Standorte, gute Luftzirkulation und geringe Blattbenetzungsdauer wirken einem Befall entgegen. Anfällige Pflanzen sollten nicht zu dicht stehen und eventuell im inneren Pflanzenbereich ausgelichtet werden. Übermäßige Stickstoffversorgung und Kalziummangel fördern den Befall. Bei Rosen sollten die Blüten vor einer längeren Abwesenheit entfernt werden, da die verblühenden Rosen besonders anfällig sind und von ihnen ein hoher Befallsdruck auf die heranwachsenden Knospen ausgeht.

Die Anwendung von Pflanzenschutzmitteln ist nur bei erhöhtem Befallsdruck und nach Beseitigung befallener Pflanzenteile sinnvoll. Sie kann mit **Azoxystrobin** (Fungisan, Ortiva, Rosen- und Zierpflanzen-Pilzfrei Saprol), **Tebuconazol + Trifloxystrobin** (Bayer Garten Rosen-Pilzfrei Baymat Plus) oder **Fenhexamid** (Teldor) vorgenommen werden.

Pythium und Phytophthora
Das Auftreten der *Pythium*-Wurzelfäule ist in den meisten Fällen die Folge einer Vernässung. Diese kann durch eine schlechte, zu dichte Bodenstruktur, zu häufiges Gießen bzw. Bewässern oder durch schlechten Wasserabzug im Boden bedingt sein.

Die *Phytophthora*-Wurzel- und Wurzelhalsfäulen werden durch Staunässe ebenfalls begünstigt, können jedoch auch bei guten Standortverhältnissen großen Schaden verursachen. *Pythium*- und *Phytophthora*-Pilze bilden in ihrem Entwicklungsablauf begeißelte Zoosporen, die sich in wässriger Lösung aktiv fortbewegen und gesunde Pflanzen befallen können.

Bei Pflanzungen ist daher in besonderer Weise die Durchlässigkeit des Bodens auch unter dem Pflanzloch zu prüfen. Gegebenenfalls sollte eine Dränage angelegt werden. Bei verdichteten Bodenschichten, z.B. nach Bauarbeiten, sind Bohrlöcher bis unter die Verdichtung mit einem Durchmesser von einigen Zentimetern mit Kies zu füllen, um die Ursache des Schadens zu beheben. Auch bei Topfkulturen ist auf einen guten Wasserablauf zu achten.

Ist die Ursache der Vernässung behoben, so kann die Gesundung der Pflanzen durch den Einsatz eines Pflanzenschutzmittels unterstützt werden. Zur chemischen Bekämpfung ist bei Topfpflanzen eine Gießbehandlung mit den Wirkstoffen **Fenamidone + Fosetyl** (Fenomenal, Bayer Garten Pilzfrei Aliette Plus) oder **Fosetyl** (Aliette WG, Spezial-Pilzfrei Aliette) geeignet.

Falscher Mehltau

Die Erkrankung tritt in der Regel nur bei relativ niedrigen oder stark schwankenden Temperaturen, geringer Sonneneinstrahlung, hoher Luftfeuchte, schlechter Luftzirkulation und infolgedessen langer Blattbenetzungsdauer auf. Die Bekämpfung der Krankheit muss daher zunächst auf eine Verbesserung der genannten Faktoren abgestellt werden. Da der Pilz im Pflanzengewebe lebt, sind befallene Pflanzenteile großzügig zu entfernen. Eine chemische Bekämpfung muss bei ungünstigen Standortbedingungen wiederholt erfolgen. Sie kann durch Spritzbehandlungen mit **Azoxystrobin** (Ortiva, Rosen-Pilzfrei Saprol), **Fluopicolide + Propamocarb** (Infinito, Bayer Gemüse-Pilzfrei Infinito), **Fosetyl** (Aliette WG, Spezial-Pilzfrei Aliette), **Fenamidone + Fosetyl** (Fenomenal, Bayer Garten Pilzfrei Aliette Plus), **Kupferoktanoat** (Cueva Pilzfrei), **Kupferoxychlorid** (Kupferspritzmittel Schacht, Funguran), **Mancozeb** (Pilzfrei Dithane, Dithane NeoTec), **Mandipropamid** (Revus Garten) vorgenommen werden und hat nur bei gleichzeitiger Verbesserung der Standortbedingungen einen Sinn.

Bekämpfung häufig auftretender Schädlinge

Blattläuse

In den Monaten März bis Juni besteht eine erhöhte Gefahr der Massenvermehrung von Blattläusen. Die Läuse schädigen die Pflanzen nicht nur durch Entzug von Zellsaft. Ihre Speichelsekrete führen zu Verkrüppelungen und Verfärbungen. Als Überträger gefährlicher Viruskrankheiten stellen sie darüber hinaus eine große Gefahr dar. Die Blattlausbekämpfung ist oftmals die einzige Möglichkeit, die weitere Ausbreitung von Viruskrankheiten zu verhindern. Die Ausscheidungen der Blattläuse überziehen besonders bei Massenvermehrungen die Pflanzen und den Bereich unter befallenen Pflanzen mit einem klebrigen Belag, dem Honigtau, auf dem sich Rußtaupilze ansiedeln und einen klebrigen, schwarzen Belag entstehen lassen.

Im Garten werden die Blattläuse durch natürlich vorkommende Gegenspieler wie **Schwebfliegen**, **Florfliegen**, **Schlupfwespen**, verschiedene **Marienkäfer** u. a. dezimiert. Um diese Nützlinge zu schonen, sollte auf den Einsatz breitwirksamer chemischer Pflanzenschutzmittel möglichst verzichtet werden. In Innenräumen oder Kleingewächshäusern kann man Blattläuse auch gezielt **biologisch bekämpfen** durch die Freilassung von z. B. **räuberischen Gallmücken** (*Aphidoletes*), **Schlupfwespen** (*Aphidius, Aphelinus*) oder **Florfliegenlarven** (*Chrysoperla*). Diese Nützlinge (siehe Seite 263) sind im Fachhandel erhältlich.

Zur **chemischen Bekämpfung** der Blattläuse sind Spritzungen nützlingsschonender Präparate (**Pirimicab** COM 11701 I-O-ME) zu bevorzugen. Behandlungen mit **Kaliseife** (Neudosan Neu, Chrysal Pump-Spray für Pflanzen) sind oftmals ausreichend. Auch Fichtenröhrenläuse werden wirksam bekämpft. Sinkt die Wintertemperatur unter −15 °C, ist eine Bekämpfung dieser Läuse in der Regel nicht erforderlich. Die Klopfprobe (helle Pappe unter einen Zweig halten und gegen den Zweig schlagen) bringt raschen Aufschluss über eine etwaig erforderliche Bekämpfungsmaßnahme.

Verschiedene weitere Wirkstoffe zur Blattlausbekämpfung wie **Acetamiprid**, **Azadirachtin**, **Deltamethrin**, **Dimethoat**, **Lambda Cyhalothrin**, **Pyrethrine**, **Rapsöl** oder **Thiacloprid** sind im Handel und können als Spritzflüssigkeit oder als Sprühdose zur Anwendung kommen. Für Topfpflanzen und Balkonkästen sind Pflanzenzäpfchen verfügbar, die in die Erde gesteckt werden wie **Dimethoat** (Pflanzenschutz-Stäbchen, Etisso Combi-Sticks u. a.) oder **Thiacloprid** (Bayer Garten Gießmittel gegen Schädlinge), das als Gießpräparat eingesetzt werden kann. Für diesen Anwendungsbereich gibt es den Wirkstoff Imidacloprid auch in Granulatform (Lizetan Kombigranulat).

Raupen (Insektenlarven)

Der Pflege der Singvögel kommt bei der Raupenbekämpfung im Garten besondere Bedeutung zu. Die Massenvermehrung der im Garten häufig schädigenden Frostspannerraupen geht mit der Brutzeit der Meisen einher. Ein Meisenpärchen trägt während dieser Zeit bis zu 30 kg Raupen zur Brutpflege ein. Diese Zahl macht die Bedeutung eines Nistkastens im Garten klar.

In vielen Fällen stellt das Absammeln der Raupen eine ausreichende Bekämpfung dar. Da die Raupen oftmals nur nachtaktiv sind, kann sich ein abendlicher Rundgang mit der Taschenlampe lohnen, um die Schädlinge zu beseitigen.

Die Bekämpfung von Raupen sollte möglichst früh, nämlich während der ersten Entwicklungsstadien der Raupen erfolgen, da der Bekämpfungserfolg bei älteren Raupen geringer ist. Gegen viele freifressende Schmetterlingsraupen können biologische Präparate wie **Bacillus thuringiensis** (XenTari) eingesetzt werden. Insbesondere gegen versteckt lebende Raupen von Kleinschmetterlingen ist auch der Einsatz von Pflanzenschutzmitteln mit den Wirkstoffen **Deltamethrin** (Garten Schädlingsfrei Decis), **Dimethoat** (Insektenspritzmittel Roxion, Perfekthion Insektenvernichter u. a.), **Lambda Cyhalothrin** (Axiendo Garten Schädlingsfrei), **Spinosad** (SpinTor) oder **Thiacloprid** (Bayer Garten Kombi Schädlingsfrei) möglich.

Schild- und Schmierläuse

Schild- und Schmierläuse leben unter ihren Schilden oder dichten, weißen, wolligen Wachsausscheidungen vor Umwelteinflüssen weitgehend geschützt. Mit ihrem langen Mundstachel saugen sie den Zellsaft aus tiefer liegenden Gewebepartien, oftmals aus den Leitungsbahnen. Die Bekämpfung der Tiere ist daher schwierig. Erschwerend kommt hinzu, dass sich die Schildläuse häufig an älteren Pflanzenteilen sowie blattunterseits aufhalten.

Zur biologischen Schild- und Schmierlausbekämpfung stehen parasitische und räuberische Nützlinge (Schlupfwespen, Marienkäfer) zur Verfügung (siehe Tabelle Seite 263), deren Einsatz in Innenräumen, Wintergärten oder Kleingewächshäusern, insbesondere bei Befall mehrerer Pflanzen oder Pflanzungen, zu empfehlen ist. Der Bezug der Nützlinge ist über Fachgeschäfte möglich.

Der Einsatz von Pflanzenschutzmitteln wie **Mineralöl** (Promanal Neu, Elefant-Sommeröl), **Orangenöl** (PERV-AM) oder **Rapsöl** (Micula, Schädlingsfrei Naturen) im Spritzverfahren hat sich bei gut benetzbaren Einzelpflanzen bewährt. Unter dem Mineralölfilm ersticken die Schildläuse. Diese Präparate dürfen jedoch nicht zu häufig zur Anwendung kommen, da sie die Spaltöffnungen der Pflanzen verkleben können. Die Anwendung sollte nicht bei direkter Sonneneinstrahlung erfolgen, damit keine Brennflecken entstehen. Weichlaubige Pflanzen können empfindlich auf Ölpräparate reagieren. Deshalb sollte vorher mit einer Testbehandlung die Verträglichkeit geprüft werden. Die genannten Wirkstoffe sind auch als gebrauchsfertige Sprühdosen im Handel. Sehr wirkungsvoll sind auch Insektizidstäbchen oder Granulate mit den Wirkstoffen **Abamectin + Pyrethrine** (Compo Zierpflanzen Spray), **Acetamiprid** (Lizetan-Combistäbchen, Lizetan Combigranulat) sowie **Thiacloprid** (Bayer Garten Gießmittel gegen Schädlinge), das als Gießpräparat eingesetzt werden kann. Diese Wirkstoffe sind auch als Sprühdose verfügbar (Schädlingsfrei Careo, Lizetan Plus Zierpflanzenspray).

Schnecken

Häufig anzutreffende Schneckenarten im Garten sind die Große Wegschnecke (*Arion ater*), die Gartenwegschnecke (*Arion hortensis*) und die Ackerschnecke (*Deroceras reticulatum*). Sie verursachen einen typischen Schabe- oder Lochfraß, der sich von Fraßspuren anderer Schädlinge durch die meist silbrigen Schleimspuren der Schnecken unterscheidet. Besonders gefährdet sind alle sehr jungen Pflanzen sowie Pflanzen mit wasserreichem Gewebe.

Soweit möglich, sollten die Schnecken abgesammelt werden. Durch den Einsatz von Schneckenfallen (z. B. Bierfallen) oder die Anlage von künstlichen Schlafstellen (alte Holzbretter, nasse Wellpappe usw.) lässt sich das Absammeln effizienter gestalten. Abstreuen mit Sand oder Sägemehl hindert die Fortbewegung der Schnecken. Kleine Flächen lassen sich gut durch einen handelsüblichen „Schneckenzaun“ schützen. Sehr wirkungsvoll sind die verschiedenen „Schneckenkorn“-Präparate mit den Wirkstoffen **Eisen-III-Phosphat**, **Metaldehyd** oder **Methiocarb**.

Spinnmilben („Rote Spinne“)

Die etwa 0,5 mm großen Spinnmilben sind mit dem bloßen Auge nur schwer zu erkennen. Bei höheren Temperaturen und geringer Luftfeuchte kann es zu Massenvermehrungen der Tiere und infolgedessen zu Blattaufhellungen und Blattvergilbungen kommen. Bei starkem Befall vertrocknen die Blätter, und man erkennt feine Gespinste.

Bei leichtem Befall ist ein gründliches Abbrausen befallener Pflanzen, besonders der Blattunterseiten, erfolgreich. Stärker befallene Blätter sind zu entfernen.

Im Zimmer wie auch in Wintergärten oder Kleingewächshäusern hat sich der Einsatz von Raubmilben (*Phytoseiulus persimilis* u. a.) zur Spinnmilbenbekämpfung bewährt. Raubmilben sind in Fachgeschäften erhältlich.

Bei leichtem Befall können auch **Kaliseife** und **Mineral-** oder **Rapsöl** (Präparate siehe Blattläuse und Schildläuse) eingesetzt werden. Weitere Wirkstoffe zur Spinnmilbenbekämpfung sind **Abamectin + Pyrethrine** (Compo Zierpflanzen Spray), **Acetamiprid** (Schädlingsfrei Careo), **Azadirachtin** (Schädlingsfrei Neem), **Dimethoat** (Insektenspritzmittel Roxion, Perfekthion Insektenvernichter u. a.) oder **Fenproximat** (Kiron, Milben-Ex Kiron). Beschränkt auf das Gewächshaus ist für den Haus- und Kleingartenbereich auch das hochwirksame Akarizid **Acequinocyl** (Kanemite SC) zugelassen.

Bei Zimmerpflanzen kann auch **Methiocarb** (Lizetan Plus Zierpflanzenspray) eingesetzt werden.

Thripse

Thripse, auch Fransenflügler oder Blasenfüße genannt, vermehren sich besonders bei trockenwarmer Witterung. Während der Getreideernte muss darüber hinaus mit starkem Zuflug gerechnet werden.

Das Schadbild der Thripse, Aufhellungen und Vergilbungen, ähnelt dem eines Spinnmilbenbefalls. Bei genauer Betrachtung weisen die schwarz glänzenden Kotträpfchen der Tiere deutlich auf einen Thripsbefall hin.

In Kleingewächshäusern, Wintergärten oder ähnlichen Innenräumen ist eine biologische Bekämpfung der Thripse mit Raubmilben (*Amblyseius cucumeris* und *A. barkeri*) sehr zu empfehlen. *A. barkeri* vernichtet auch **Weichhautmilben**. Die Hinweise der Nützlingszüchter für den richtigen Einsatz sollten vorab eingeholt werden, um Enttäuschungen zu vermeiden.

Vor einer chemischen Bekämpfung sind die Befallsherde möglichst zu beseitigen und die Pflanzen abzubrausen. Die abgetrockneten Pflanzen können mit **Abamectin + Pyrethrine** (Compo Zierpflanzen Spray), **Azadirachtin + Rapsöl** (Neem Plus Schädlingsfrei), dem Wirkstoff **Deltamethrin** (Garten Schädlingsfrei Decis), **Lambda Cyhalothrin** (Axiendo Garten Schädlingsfrei) oder **Spinosad** (SpinTor) behandelt werden. Die Behandlung sollte innerhalb von vier bis fünf Tagen wiederholt werden, da die Tiere sehr versteckt leben können und die Pflanzenschutzmittel nicht alle Entwicklungsstadien der Tiere erfassen.

Weiße Fliege

Die Weiße Fliege oder Mottenschildlaus vermehrt sich besonders im Wintergarten und an einigen Beet- und Balkonpflanzen. Im Garten ist eine Bekämpfung nur bei wenigen Pflanzen erforderlich. Im Zimmer können relativ wenige Tiere durch ihre Honigtau-Ausscheidungen zu sehr klebrigen Verschmutzungen führen.

In Wintergärten oder Kleingewächshäusern kann die Bekämpfung der Weißen Fliege biologisch, mit der Schlupfwespe *Encarsia formosa* erfolgen. Schlupfwespen sind im Fachhandel erhältlich.

Die chemische Bekämpfung mit Wirkstoffen wie **Abamectin**, **Acetamiprid**, **Azadirachtin**, **Dimethoat**, **Lambda Cyhalothrin**, **Kaliseife**, **Pyrethrinen** oder **Rapsöl** (siehe Blattläuse) muss wiederholt in engen Abständen von etwa fünf bis sieben Tagen erfolgen. Bei dem Wirkstoff **Acetamiprid** sind auch längere Behandlungsabstände möglich (siehe Gebrauchsanleitungen).

Auswahl von Nützlingen zur biologischen Schädlingsbekämpfung

Nützlinge	Schädlinge
Raubmilben	
Amblyseius-Arten	Thripse und Milben
Phytoseiulus persimilis	Spinnmilben
Räuberische Insekten	
Aphidoletes aphidimyza (Gallmücke)	Blattläuse
Chrysoperla carnea (Florfliege)	Blattläuse u.a.
Cryptolaemus montrouzieri (Australischer Marienkäfer)	Schmierläuse
Orius-Arten (Raubwanzen)	Thripse und Milben
Schlupfwespen	
Aphelinus abdominalis	Blattläuse
Aphidius matricariae	Blattläuse
Encarsia formosa	Weiße Fliege
Leptomastix dactylopii	Schmierläuse
Metaphycus helvolus	Schildläuse
Nematoden	
Steinernema-Arten	Trauermücken und Dickmaulrüssler

Lieferanten von Nützlingen

Katz-Biotech AG
Industriestr. 38
73642 Welzheim
Tel.: 07182-935373

W. Neudorff GmbH KG
Abt. Nutzorganismen
An der Mühle 3
31857 Emmerthal
Tel.: 05155-624148

Sautter & Stepper GmbH
Rosenstr. 19
72119 Ammerbuch (Altingen)
Tel.: 07032-957830

Welte Hatto & Patrick
Vertriebsgesellschaft für Nutzinsekten
Maurershorn 18a
78479 Insel Reichenau
Tel.: 07534-1458

Wilhelm Biologischer Pflanzenschutz GmbH
Neue Heimat 25
74343 Sachsenheim
Tel.: 07046-2386

Auskunftsstellen des Pflanzenschutzdienstes in Deutschland

Baden-Württemberg

Landwirtschaftliches Technologiezentrum Augustenberg
76227 Karlsruhe
Neßlerstraße 25

Pflanzenschutzdienststellen der Regierungspräsidien
79098 Freiburg, Bertoldstraße 43
76131 Karlsruhe, Schlossplatz 1–3
70565 Stuttgart, Ruppmannstraße 21
72072 Tübingen, Konrad-Adenauer-Straße 20

Übergebietliche Pflanzenschutzberatung
68526 Ladenburg, Trajanstraße 66
77654 Offenburg, Prinz-Eugen-Straße 2
78333 Stockach, Winterspürerstraße 25
88662 Überlingen, Rauensteinstraße 64

Bayern

Bayerische Landesanstalt für Landwirtschaft
– Institut für Pflanzenschutz –
85354 Freising
Lange Point 10

Pflanzenschutzabteilungen in Ansbach, Augsburg, Bayreuth, Deggendorf, Ingolstadt, Landshut, München, Regensburg, Rosenheim und Würzburg

Berlin

Pflanzenschutzamt
12347 Berlin
Mohriner Allee 137

Brandenburg

Landesamt für Verbraucherschutz, Landwirtschaft und Flurneuordnung
15236 Frankfurt (Oder)
Müllroser Chaussee 54

Pflanzenschutzdienststellen
03050 Cottbus, Vom-Stein-Straße 30
16816 Neuruppin, Ferbelliner Straße 4e
17291 Prenzlau, Grabowstraße 33
15377 Waldsieversdorf, Eberswalder Chaussee 3
15806 Zossen-Wünsdorf, Steinplatz 1

Bremen

Pflanzenschutzdienst Bremen
28207 Bremen
Lötzener Straße 3

Hamburg

Universität Hamburg
Abt. Pflanzenschutz
22113 Hamburg
Brennerhof 123

Hessen

Regierungspräsidium Gießen
– Pflanzenschutzdienst – (Dez. 51.4)
35578 Wetzlar
Schanzenfeldstraße 8

Außenstelle
34123 Kassel
Mündener Straße 4

Mecklenburg-Vorpommern

Landespflanzenschutzamt
18059 Rostock
Graf-Lippe-Straße 1

Außenstellen
17489 Greifswald, Grimmer Straße 16
17904 Groß Nemerow, Tollenseheim 6a
19055 Schwerin, Wickendorfer Straße 4

Niedersachsen

Landwirtschaftskammer Niedersachsen
– Pflanzenschutzamt –
30453 Hannover
Wunstorfer Landstraße 9

Bezirksstellen
26603 Aurich, Am Pferdemarkt 1
38122 Braunschweig, Helene-Künne-Allee 5
27432 Bremervörde, Albrecht-Thaer-Straße 6a
49661 Cloppenburg, Löninger Straße 68
49716 Meppen, Mühlenstraße 41
31582 Nienburg, Vor dem Zoll 2
37154 Northeim, Wallstraße 44
26127 Oldenburg, Im Dreieck 12
49082 Osnabrück, Am Schölerberg 7
29525 Uelzen, Wilhelm-Seedorf-Str. 3

Nordrhein-Westfalen

Pflanzenschutzdienst NRW
50765 Köln-Auweiler
Gartenstraße 11

Rheinland-Pfalz

Dienstleistungszentrum Ländlicher Raum (DLR) Rheinpfalz
Abt. Phytomedizin im Weinbau und Gartenbau
67435 Neustadt an der Weinstraße
Breitenweg 71

Dienstleistungszentrum Ländlicher Raum (DLR) Rheinhessen-Nahe-Hunsrück
55545 Bad Kreuznach
Rüdesheimer Straße 60–68

Saarland

Landwirtschaftskammer für das Saarland
– Pflanzenschutzamt –
66450 Bexbach
In der Kolling 11

Sachsen

Sächsische Landesanstalt für Umwelt, Landwirtschaft und Geologie
Abt. Pflanzliche Erzeugung
01683 Nossen
Waldheimer Straße 219

Sachsen-Anhalt

Landesanstalt für Landwirtschaft und Gartenbau
Dezernat Pflanzenschutz
06406 Bernburg
Strenzfelder Allee 22

Schleswig-Holstein

Landwirtschaftskammer Schleswig-Holstein
Abt. Pflanzenbau, Pflanzenschutz und Umwelt, FB Pflanzenschutz
24768 Rendsburg
Grüner Kamp 15–17

Thüringen

Thüringer Landesanstalt für Landwirtschaft
– Pflanzenschutzdienst –
99090 Erfurt-Kühnhausen
Kühnhäuser Straße 101

Weiterführende Literatur

Börner, H.: Pflanzenkrankheiten und Pflanzenschutz. 8. Auflage, Springer Verlag, Berlin-Heidelberg, 2009.

Butin, H. und Brand, T.: Farbatlas Gehölzkrankheiten. 5. Auflage, Verlag Eugen Ulmer, Stuttgart, 2017.

Crüger, G., Backhaus, G.F., Hommes, M., Smolka, S. und Vetten, H.-J.: Pflanzenschutz im Gemüsebau. 4. Auflage, Verlag Eugen Ulmer, Stuttgart, 2002.

Friedrich, G. und Rode, H.: Pflanzenschutz im integrierten Obstbau. Verlag Eugen Ulmer, Stuttgart, 1996.

Hallmann, J., Quadt-Hallmann, A. und von Tiedemann, A.: Phytomedizin – Grundwissen Bachelor. UTB, 2. Auflage, Verlag Eugen Ulmer, Stuttgart, 2009.

Roloff, A.: Handbuch Baumdiagnostik. Verlag Eugen Ulmer, Stuttgart, 2015.

Schmid, O. und Henggeler, S.: Biologischer Pflanzenschutz im Garten. 10. Auflage, Verlag Eugen Ulmer, Stuttgart, 2012.

Woessner, D.: Rosenkrankheiten und Schädlinge. 5. Auflage, Verlag Eugen Ulmer, Stuttgart, 2007.

Wohanka, W. (Hrsg.): Pflanzenschutz im Zierpflanzenbau. Verlag Eugen Ulmer, Stuttgart, 2006.

Wittmann, W.: Atlas der Zierpflanzenkrankheiten. Blackwell Wissenschafts-Verlag, Berlin, 1995.

Broschüren der Bundesanstalt für Landwirtschaft und Ernährung (Bundesinformationszentrum für Landwirtschaft), https://www.ble-medienservice.de/

„Gesunde Rosen“, Bestell-Nr.: 1229_DL

„Giftige Pflanzen im Garten, Haus und öffentlichen Grün“, Bestell-Nr.: 1395

„Heil- und Gewürzpflanzen aus dem eigenen Garten“, Bestell-Nr.: 1192_DL

„Kompost im Garten“, Bestell-Nr.: 1104 DL

„Nützlinge im Garten“, Bestell-Nr.: 1536

„Pflanzenschutz im Garten“, Bestell-Nr.: 1162

„Pflanzenschutzgeräte für den Haus- und Kleingarten“, Bestell-Nr.: 1213

„Vorsicht beim Umgang mit Pflanzenschutzmitteln“, Bestell-Nr.: 1042

Bildquellen

Backhaus, Dr. G., Braunschweig: Seite 17.4, 50.1, 131.4

Baumjohann, D., Hameln: Seite 25.5, 196.3, 217.6, 225.5, 252.2

Biologische Bundesanstalt, Braunschweig: Seite 222.1, 232.2, 233.5, 233.6, 235.3, 235.4, 236.3, 240.1, 243.3, 246.1, 246.3, 247.4, 250.2, 251.3

Böhmer, Prof. Dr. B., ehem. Landwirtschaftskammer Nordrhein-Westfalen, Pflanzenschutzdienst: Umschlagfoto, Seite 6, 9, 10, 12.2, 13.5, 14.1, 14.2, 16.1, 16.2, 16.3, 17.5, 18.2, 19.4, 19.5, 19.6, 20.1, 20.2, 21.6, 22.2, 23.5, 23.6, 24.1, 24.2, 24.3, 26.1, 28.1, 28.2, 29.3, 30.2, 30.3, 30.4, 31.5, 31.6, 31.7, 31.8, 32.1, 32.2, 32.3, 33.4, 33.5, 33.6, 34.1, 34.2, 35.3, 35.5, 36.2, 38.1, 38.2, 38.3, 38.4, 40.1, 40.2, 41.5, 41.6, 42.1, 42.3, 42.4, 43.5, 43.6, 44.1, 45.3, 45.4, 45.5, 46.2, 46.3, 47.4, 48.1, 49.4, 49.5, 53.5, 56.1, 56.2, 57.4, 57.5, 57.6, 58.2, 58.3, 59.5, 59.6, 60.1, 60.2, 60.3, 61.4, 61.5, 62.1, 62.2, 63.4, 63.5, 64.2, 65.3, 65.4, 65.5, 67.5, 68.1, 68.2, 70.2, 70.3, 71.4, 72.1, 73.3, 76.3, 78.1, 78.2, 78.3, 81.4, 82.2, 83.5, 83.6, 84.2, 92.1, 92.3, 93.4, 94.2, 94.3, 95.5, 96.2, 96.3, 96.4, 97.5, 97.6, 97.7, 98.2, 98.3, 99.4, 104.1, 105.5, 106.3, 106.4, 107.5, 107.6, 107.7, 109.4, 109.5, 109.6, 110.1, 110.2, 110.3, 112.1, 112.2, 112.3, 113.4, 114.1, 115.4, 124.1, 124.2, 125.3, 125.4, 126.1, 126.2, 129.4, 129.5, 131.2, 131.3, 132.1, 133.4, 133.5, 134.1, 134.2, 134.3, 135.4, 135.5, 135.6, 136.3, 137.4, 137.5, 140.3, 141.5, 141.8, 142.1, 142.2, 142.3, 142.4, 144.1, 144.2, 145.6, 145.7, 146.2, 149.4, 150.3, 152.2, 155.3, 158.1, 158.2, 160.2, 160.3, 161.4, 162.3, 163.4, 164.2, 165.4, 166.1, 168.1, 171.4, 172.3, 173.5, 174.1, 175.5, 176.1, 179.4, 179.5, 182.3, 183.5, 183.6, 184.1, 184.2, 185.4, 185.5, 185.6, 186.2, 186.4, 187.5, 187.6, 187.7, 189.1, 190.1, 191.3, 192.1, 192.2, 193.4, 194.3, 195.7, 198.3, 199.4, 199.6, 202.1, 237.5

Brand, T., Oldenburg: Seite 227.5

Brielmaier, Dr. U., Braunschweig: Seite 13.4, 50.2, 102.2, 105.4, 116.3, 183.4, 194.1, 202.2

Bühl, R., Stuttgart: Seite 21.7, 23.4, 51.4, 53.7, 155.5, 161.5

DLR Rheinpfalz, Abt. Phytomedizin im Weinbau und Gartenbau: Seite 140.4, 227.3, 253.4

Gröner, Prof. Dr. G., Stuttgart: Seite 21.5, 22.3

Haberer, M., Nürtingen: Seite 225.4

Harzer, U., Neustadt a.d. Weinstraße: Seite 214.3

Henseler, E. Bonn: Seite 72.2, 85.4, 129.6, 136.1, 138.1, 150.1, 153.7, 167.5, 178.2

Hochschule Geisenheim, Fachgebiet Phytomedizin: Seite 15.5, 35.4, 132.2, 162.1, 164.1, 175.6, 203.2, 205.4, 205.5, 206.1, 207.5, 208.1, 208.3, 209.4, 211.5, 212.2, 213.3, 214.1, 216.3, 217.4, 217.5, 218.1, 218.2, 219.3, 219.4, 220.1, 220.3, 221.4, 223.3, 223.4, 224.2, 224.3, 226.1, 226.2, 227.4, 228.1, 228.2, 229.3, 229.4, 229.5, 230.1, 232.3, 233.4, 237.4, 238.2, 238.3, 239.4, 239.6, 240.2, 240.3, 241.4, 244.1, 244.2, 244.3, 245.4, 245.5, 248.2, 249.4, 251.4, 253.3, 254.2, 255.4

Julius Kühn-Institut, Bundesforschungsinstitut für Kulturpflanzen, Braunschweig: Seite 248.3

Kuttig, K., Hameln: Seite 145.4, 186.1, 189.5, 234.2, 246.2

Landwirtschaftliches Technologiezentrum Augustenberg, Karlsruhe: Seite 12.1, 14.3, 48.3, 71.5, 74.1, 75.5, 82.3, 84.3, 87.5, 93.6, 95.4, 97.8, 98.1, 103.4, 104.2, 105.3, 106.1, 107.8, 113.5, 116.2, 120.3, 123.4,

130.1, 130.2, 143.5, 146.1, 150.2, 151.6, 160.1, 176.2, 181.4, 190.2, 191.5, 197.6, 204.1, 204.2, 204.3, 207.3, 209.6, 214.2, 215.4, 220.2, 231.2, 232.1, 236.1, 236.2, 239.5, 247.5, 249.5, 254.1, 255.3

Landwirtschaftskammer Nordrhein-Westfalen, Pflanzenschutzdienst: Seite 64.1

Margraf, Dr. K., Berlin: Seite 106.2, 108.1, 165.3

Nennmann, H., Landwirtschaftskammer Nordrhein-Westfalen, Pflanzenschutzdienst: Seite 27.4, 27.5, 79.5, 86.2, 128.2, 148.1, 159.4

Nienhaus, Prof. Dr. F., Buschhoven: Seite 197.5

Regierungspräsidium Freiburg: Seite 219.5

Regierungspräsidium Gießen „Pflanzenschutzdienst-Hessen“: Seite 2, 13.3, 15.4, 15.6, 18.3, 20.4, 22.1, 23.7, 26.2, 29.4, 30.1, 36.1, 36.3, 37.4, 37.5, 37.6, 39.7, 40.3, 41.4, 43.7, 44.2, 46.1, 48.2, 50.3, 53.4, 53.6, 54.1, 54.2, 54.3, 55.4, 56.3, 57.7, 58.1, 58.4, 59.7, 63.3, 69.4, 76.2, 77.5, 80.2, 92.2, 93.5, 95.6, 95.7, 96.1, 101.5, 108.3, 114.2, 115.3, 116.1, 117.4, 117.5, 119.4, 119.5, 119.6, 120.1, 132.3, 138.2, 139.3, 143.8, 145.5, 154.1, 157.3, 157.4, 171.5, 174.2, 177.4, 177.5, 180.1, 181.3, 182.1, 182.2, 188.2, 198.1, 198.2, 199.5, 201.4, 202.3, 215.5, 222.2, 231.1, 241.5, 243.4, 248.1

Schaefer, B., Berlin: Seite 47.5, 55.5, 74.3, 75.4, 80.1, 81.3, 82.1, 84.1, 102.1, 151.5, 153.5, 162.2, 163.5, 167.3, 167.4, 173.4, 193.3, 195.4, 195.5, 203.1, 207.4, 213.4, 216.1, 221.5, 223.5, 224.1

Technische Universität München, Wissenschaftszentrum Weihenstephan, Phytopathologie: Seite 209.5, 212.1, 231.3, 242.1, 252.1

Universität Hannover, Institut für Gartenbauliche Produktionssysteme, Abt. Phytomedizin: Seite 83.4, 154.2, 234.1

Veser, J., Stuttgart: Seite 103.3, 156.1, 178.3

Wilke, R., Köln: Seite 25.4, 39.5, 39.6, 51.5, 52.1, 52.2, 52.3, 66.1, 66.2, 67.3, 67.4, 69.3, 70.1, 73.4, 73.5, 74.2, 76.1, 77.4, 79.4, 86.1, 86.3, 87.4, 88.1, 88.2, 88.3, 89.4, 89.5, 89.6, 90.1, 90.2, 91.3, 91.4, 91.5, 94.1, 99.5, 100.1, 100.2, 100.3, 101.4, 108.2, 111.4, 111.5, 118.1, 118.2, 118.3, 120.2, 121.4, 122.1, 122.2, 122.3, 125.5, 127.3, 127.4, 128.1, 128.3, 130.3, 136.2, 140.1, 140.2, 141.6, 141.7, 144.3, 146.3, 147.4, 147.5, 147.6, 148.2, 149.3, 151.4, 152.1, 152.3, 153.4, 155.4, 156.2, 159.3, 166.2, 168.2, 169.3, 169.4, 170.1, 170.2, 170.3, 172.1, 174.3, 175.4, 184.3, 189.4, 191.4

Wohanka, Prof. Dr. W., Geisenheim: Seite 18.1, 27.3, 200.1, 216.2

Ziegler, J., Neustadt a. d. Weinstraße: Seite 250.1

Zunke, Dr. U., Hamburg: Seite 20.3, 42.2, 49.6, 85.5, 143.6, 143.7, 153.6, 157.5, 172.2, 177.3, 178.1, 180.2, 181.5, 186.3, 188.1, 194.2, 195.6, 196.1, 196.2, 197.4, 200.2, 201.3, 205.6, 206.2, 208.2, 210.1, 210.2, 210.3, 211.4, 238.1, 242.2, 247.6

Register

Die in diesem Buch enthaltenen Empfehlungen und Angaben sind von den Autoren mit größter Sorgfalt zusammengestellt und geprüft worden. Eine Garantie für die Richtigkeit der Angaben kann aber nicht gegeben werden. Autoren und Verlag übernehmen keinerlei Haftung für Schäden und Unfälle. Bitte setzen Sie bei der Anwendung der in diesem Buch enthaltenen Empfehlungen Ihr persönliches Urteilsvermögen ein.
Der Verlag Eugen Ulmer ist nicht verantwortlich für die Inhalte der im Buch genannten Websites.

Bibliografische Information der Deutschen Nationalbibliothek
Die Deutsche Nationalbibliothek verzeichnet diese Publikation in der Deutschen Nationalbibliografie; detaillierte bibliografische Daten sind im Internet über http://dnb.d-nb.de abrufbar.

Die 1. und die 2. Auflage dieses Werkes erschienen unter dem Titel „Farbatlas Krankheiten und Schädlinge an Zierpflanzen, Obst und Gemüse“.

Wollgrasweg 41, 70599 Stuttgart (Hohenheim)
E-Mail: info@ulmer.de
Internet: www.ulmer.de
Projektleitung: Birgit Schüller
Herstellung: Verlag Eugen Ulmer
Umschlaggestaltung: Verlag Eugen Ulmer
Satz: Fotosatz Buck, Kumhausen
Druck und Bindung: Livonia Print, Lettland
Printed in Latvia

ISBN 978-3-8186-0952-8

Hier können Sie weiterlesen

Alte Obstsorten.
Schnittbilder, Stein- und Samenabbildungen in Originalgröße.
Walter Hartmann.
6., erweiterte Auflage 2020.
351 Seiten, 569 Farbfotos,
7 Zeichnungen, geb.
ISBN 978-3-8186-0953-5.

Alte Obstsorten sind heute mehr gefragt, denn je. In diesem Buch wird Ihnen eine Auswahl obstbaulich und pomologisch wertvoller alter Apfelsorten, Most- und Wirtschaftsbirnen sowie alte Sorten von Pflaumen, Zwetschen, Süß- und Sauerkirschen vorgestellt. Sortentypische Bilder und detaillierte Schnittbilder beim Apfel, Abbildungen der Steine bei Pflaumen und Zwetschen in Originalgröße, Abbildungen der Kerne von Tafelbirnen in Originalgröße sowie wichtige Unterscheidungsmerkmale helfen Ihnen, die 296 alten Obstsorten sicher zu bestimmen. Außerdem finden Sie wichtige Hinweise auf Krankheitsanfälligkeit, Standortansprüche, Ertragsleistung und Verwertungseigenschaften.

Von Akelei bis Ziest

Stauden.

312 Stauden für Garten und Landschaft. Kaspar Heißel, Martin Haberer.
5., aktualisierte Auflage 2020.
192 Seiten, 316 Farbfotos,
13 sw- Zeichnungen, 5 Tab.,
kart. ISBN 978-3-8186-0955-9.

In diesem Buch werden Ihnen 312 Garten- und Wildstauden in anschaulichen Porträts vorgestellt. Lernen Sie die wichtigsten Erkennungsmerkmale, Standortansprüche, Lebensbereiche und Sorten kennen und erfahren Sie alles Wissenswerte zu Pflege und Vermehrung. Hinweise zur Verwendung helfen bei der Auswahl der passenden Pflanzen – besonders schöne Gartensorten sind hervorgehoben. Ein detaillierter Arbeitskalender für den Staudengarten rundet dieses handliche Nachschlagewerk ideal ab.

Erfolgreich Gärtnern - Tag für Tag

Rat für jeden Gartentag.

Franz Böhmig.

30. Auflage 2018.

448 Seiten, 532 Zeichnungen,

13 Farbfotos, 55 Tabellen, geb.

ISBN 978-3-8186-0553-7.

Dieses Nachschlagewerk begleitet Sie durch jeden Gartentag und zeigt Ihnen, was Sie in den einzelnen Monaten von Januar bis Dezember tun können. Es bietet Ihnen geballtes Wissen über Ihren Garten, von allgemeinen Ratschlägen über die Anlage von Gärten, die Pflege von Zierpflanzen bis hin zum Obst- und Gemüseanbau. Bei der Umsetzung Ihrer ganz persönlichen Gartenwünsche helfen Ihnen Hinweise zum Planen der wichtigsten Arbeiten im Jahresverlauf, Ratschläge zu den grundlegenden Arbeitsvorgängen und viele Tabellen, u.a. zur Wahl der richtigen Pflanzen für verschiedene Standorte.